PLAYBACK
SASUKE 2022

1st
STAGE

SASUKE NIN
3991
キタガワ電気
LIVE FOR "SASUKE"
anniversary
suke Morimoto
3996
SASUKE NINJA WARRIOR 2022
SASUKE NI
KURO-TORA

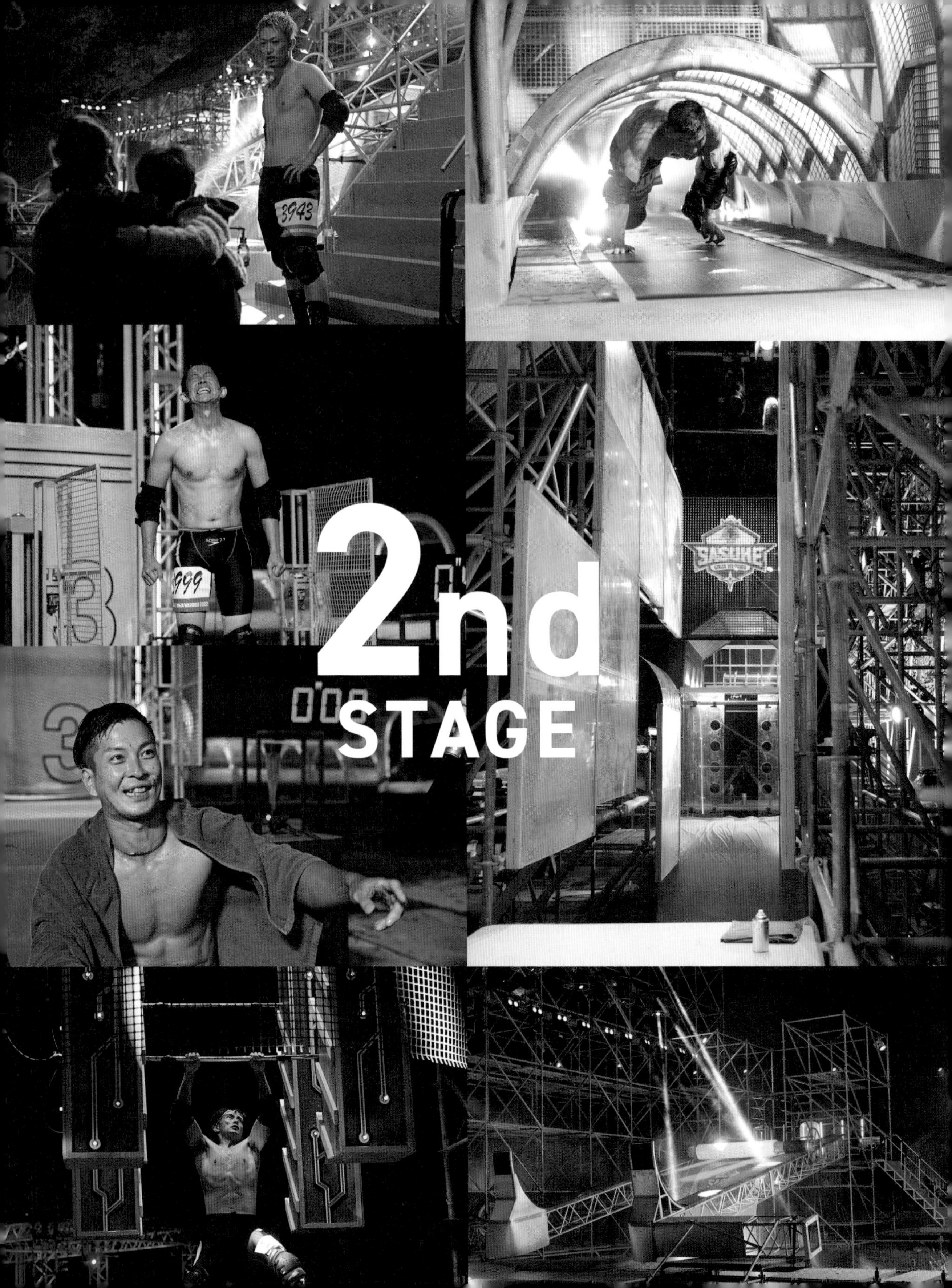
2nd
STAGE
3943
SASUKE

3rd
STAG

FINAL
STAGE
GOAL

SASUKE
NINJA WARRIOR
20th Anniversary
2022

4000 森本裕介
完全制覇 V3!

3937
完全制覇

3938
1stステージクリアしまーす!

3919

3931
目指せ

3989
第1ステージ

3988
最高に楽しむ!!

3906

3944
菅野仁志

3950

3916

3941

3947

3907

SASUKE
公式 BOOK

CONTENTS

聖地 緑山から 世界へ

INTRODUCTION

HISTORY OF SASUKE

文：林 和弘（編集部）

2023年10月25日、そのニュースは驚きとともに日本中を駆け巡った。『SASUKE』を基に考案された障害物レースを新たに加えた近代五種が2028年ロサンゼルス五輪実施競技に決定」（TBS Topicsより）

この知らせを『SASUKE』の総合演出を担当している乾雅人は、同番組に多大なる愛情を持つ「Snow Man」岩本照からのLINEで知った、と語っている（本書86ページより／以下同）。

記念すべき『SASUKE』第1回大会が放送されたのは、いまを遡ること26年前の1997年9月27日。1995年から放送されていた人気番組『筋肉番付』内のコーナーとしてスタート、撮影は緑山ではなく千葉県浦安の旧・東京ベイNKホールにセットを組んで行われた。

この第1回大会について、乾は「忍者というキーワードを渡されて考え始めた」（86ページ）と語っている。全4ステージという基本フォーマットこそ変わらないが、スタート当初の『SASUKE』が現在のような一種異様な熱気を放ち、出場者の人生すらをも変えてしまうモンスターコンテンツになることを想像した者は当時、乾をはじめとするスタッフ、出場者を含めて誰ひとりいなかっただろう。

そんな中、北海道の元毛ガニ漁師・秋山和彦が『SASUKE』史上初の完全制覇者となったのは1999年の第4回大会。そして明かされた、秋山の目の障がい。秋山は誰にも告げることなく過酷なステージに挑戦、完全制覇者となり、さらに自身の目のことについて「テレビで言うのは嫌だ」（79ページ）と番組内での公表を一度は拒否している。

この秋山による完全制覇こそ、『SASUKE』が単なるスポーツエンターテインメントではなく、参加者が自らの人生をもさらけ出すヒューマンドキ

ュメンタリーとしての変貌を遂げていく大きなきっかけとなった。

そして「ミスターSASUKE」こと、山田勝己。

常軌を逸したハイスピードで繰り出される腕立て伏せの回数を競う「クイックマッスル全日本選手権」で秋山と激闘を繰り広げていた山田は、『SASUKE』第1回大会では2ndステージ「5連ハンマー」でリタイア。さらに13キロという過酷な減量を経て挑戦した第3回大会でも完全制覇を成し遂げることはできなかった。

「俺にはSASUKEしかないんですよ」

山田を代表する名セリフだ。『SASUKE』を「人生」とも言い切る山田の生き様は、『SASUKE』に挑む名もなきアスリートたちの歴史そのもの。現在「黒虎」を率い、自ら58歳にして本戦に挑戦する情熱は、永遠に失われることはないだろう。

そんな山田とともに第1回大会に出

場したのがケイン・コスギ。ハリウッドスターであるショー・コスギを父に持ち、芸能界ナンバーワンの運動神経を誇るケインが豪雨の中で挑んだ伝説の第8回大会FINALステージ。その失意のタイムアップから21年、第40回大会で復活を果たしたケインは見事に1stステージ最年長クリアを果たした。

さらに第1回大会から現在に至るまで、『SASUKE』唯一の皆勤賞を続けている山本進悟。『SASUKE』のために家庭や仕事を壊すことはありえない」(45ページ)と語る山本だが、幾多のライバルたちが一線を退く中、現在も現役。「無事是名馬」の言葉通り、ひとり最長不倒を続ける不死鳥である。

そして2001年、第7回大会からは史上最強の漁師・長野誠が登場。

漁船のマストに逆立ちするという凄まじいパフォーマンスで番組スタッフの度肝を抜き、オリンピック選手をも凌ぐと言われる身体能力を持つ長野の登場によって、2000年代前半の『SASUKE』は「いかにして長野を止めるのか?」が最大のテーマとなっていく。そんな長野は「いままでにないくらい準備してきた」と言い放った第17回大会において史上二人目となる完全制覇を達成。FINALステージ頂上から「ここには何もない」「ただオールスターズのみんなと『SASUKE』をやるのが楽しい」という名言を残したのだった。

「SASUKE新世代」と呼ばれる漆原裕治、又地諒、川口朋広、日置将士。彼らが出会ったのは「お台場マッスルパーク」。そこで切磋琢磨する中で「仲間」となった彼らは、ともに鍛え、高みを目指していくことで『SASUKE』に新風を巻き起こすこととなる。ケインが「(又地とトレーニングをして)部活動みたいに楽しかった」(73ページ)と語っているように、彼ら新世代の台頭によって『SASUKE』は「個々の選手たちによる孤独な戦い」から「みんなで競い合い、楽しみながら一緒にクリアを目指していく」ものとなった。そして「SASUKE新世代」の筆頭である漆原裕治は二度の完全制覇を果たすこととなる。

そんな仲間たちとともにトレーニングし、『SASUKE』に魅せられた男が大人気ヴィジュアル系エアーバンド「ゴールデンボンバー」のドラム担当、樽美酒研二。2012年の第28回大会に初出場、ローリングエスカルゴで吹っ飛ばされた彼は、「このままだったら逃げる人生になる」(51ページ)という決意で再挑戦。いまや「ゴールデンボンバーと、あと半分が『SASUKE』」(49ページ)とまで言い切るSASUKE愛の持ち主となっている。

そして超人・長野誠に憧れ、15歳で『SASUKE』にデビューした少年が森本裕介だった。

森本は高校・大学・社会人と日々の生活を重ねながら『SASUKE』を

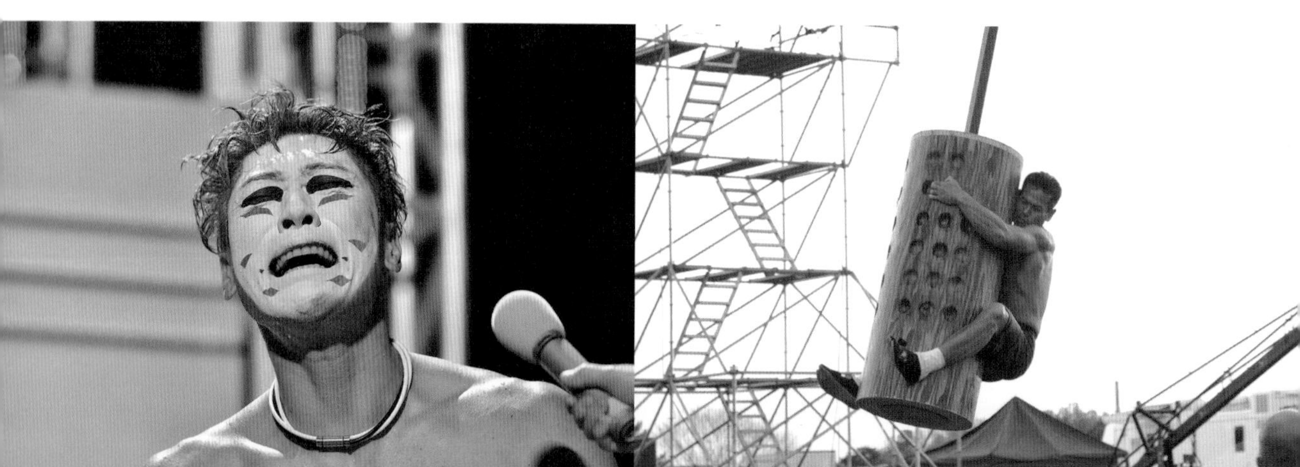

研究。ついには2015年、完全制覇を果たすこととなる。『SASUKE』を「青春」と言う森本は山本桂太朗、荒木直之、多田竜也、佐藤惇など「森本世代」と呼ばれる同世代の仲間たちとストイックかつクレバーに『SASUKE』を〝攻略〟、2020年には二度目の完全制覇を果たした。昨年2022年、第40回大会では史上初となる三度目の完全制覇を逃すも「完全制覇のサスケくん」と呼ばれる絶対王者として緑山に君臨している。

乾は今年2023年、第41回大会について「出場選手の夢を打ち砕くように新エリアを入れた」「それを乗り越えられるかどうかが勝負」（88ページ）と語っている。これは絶対王者・森本だけに向けた言葉ではないだろう。

山田・長野・山本たちSASUKEオールスターズ、SASUKE新世代の仲間たち、森本世代、そして長野誠の息子である長野塊王や「黒虎」の天才中学生・中島結太など1stステージ最年少クリアを夢見る少年たち。2028年ロサンゼルスオリンピックにおいて『SASUKE』がベースとなった障害物レースが近代五種の種目として正式採用された2023年、これら4世代にわたる出場選手がしのぎを削る新時代が到来したのだ。

聖地・緑山から世界へ。

注目の『SASUKE』第41回大会が、ここにスタートする――。

人生

ミスターSASUKE
山田勝己

第3回大会のファイナル進出で『SASUKE』に取り憑かれた

SASUKE ALL-STARS INTERVIEW

傷ついても倒れても前に進み続ける「浪速のブラックタイガー」。その情熱は一体どこからやってくるのか。人生を『SASUKE』に捧げる「ミスターSASUKE」こと山田勝己が語る、26年の死闘の日々とこれからの人生——。

文：志田英邦
写真：松崎浩之

——今年は現役高校生が『SASUKE』挑戦権をかけて競う「SASUKE甲子園」が開催されました。山田さんも会場でご覧になっていましたが、高校生たちの頑張りはどうでしたか？

山田　『SASUKE』が始まって26年ですか。うちのチーム（山田軍団・黒虎）にも中学生がいますけど、どんどん時代が変わっていくんだなと。いまは小学生にも『SASUKE』が浸透してる。どんどん新しい時代になっている感じがしますね。

——山田さんが高校生の頃は、どんな学生でしたか？

山田　高校生の頃は野球をやってましたね。親父の弟さんが筋トレが好きで、バーベルとか鉄アレイとか持ってたんで、小学4年の頃から筋トレはしていたんです。小さい頃から運動神経は良かったんで、高校では野球に打ち込んでました。高校を卒業して野球をやめたんですが、22歳ぐらいになって今度はソフトボールを始めまして。全国大会を目指すようなハイレベルのチームだったんで、そこからまたトレーニングを始めたんです。

——テレビ番組『筋肉番付』のいちコーナー「クイックマッスル全日本選手権」に出会ったのはその頃ですか？

山田　そうなんです。その頃、練習中に大怪我をして1年くらいソフトボールができなかった時期があったんです。腹筋と腕立て伏せしかできなかったんですが、そのときにテレビを見たら、腕立て伏せをやっていて。これなら自分でもできそうだなと。これまでチーム競技ばかりをやってきたんで、個人の力で1位になってみたいと思ったんですよね。それで応募したんです。

——「クイックマッスル全日本選手権」で準優勝したことが『SASUKE』への参加につながったんですね。

山田　『筋肉番付』でテレビに何回か出て、それで一度満足した気持ちがあっ

カッコ悪くても『SASUKE』を続けようと思った。俺には『SASUKE』しかないから。

たんですよ。そうしたら今度はアスレチック競走みたいな競技をやるとテレビ局のスタッフさんから連絡があったんですよね。内容はよくわからなかったけれど、断る理由もなかったんで第1回大会に出場することにしました。軽い気持ちで出場したら、第2回大会も出てほしいと連絡をいただいて。緑山スタジオで行われた第2回大会に出たんです。そうしたらスパイダーウォークで落ちたんですよね。『SASUKE』は特殊やな、と思ってね。これは悔しいぞと。いままでスポーツをやってきて、できなかったことがほとんどなかったんで。これは専門の練習をやらんといかんぞと思って、『SASUKE』用の練習をするようになったんです。自宅の庭にスパイダーウォークと同じセットを作ってね。そこから……始まったというんですかね。

――そこから、山田さんと『SASUKE』の長い闘いが始まった。そのスパイダーウォークはどうやって作ったんですか？

山田　図面も何もないんで。テレビで見て、足を開く角度とか、肩幅から計算して、探りながら作ったんですよ。完璧なセットじゃなかったですね。

――その成果もあって第3回大会ではFINALステージへ。15メートル綱登り、あと30センチまで登りました。

山田　そうですね。あの大会は自分をかなり追い込んで臨んだ大会だったんですよ。ノイローゼになるくらい減量をしたんで。大会前に13〜14キロくらい落としました。ボクサーか、と思うくらい（笑）。FINALステージに行くことができたけど、もしあそこでFINALに行けなかったら、全然違う人生になっていたと思いますよ。ひとつの節目でしたね。もうあの大会の後より頭の中から『SASUKE』が離れなくなっちゃったんですよ。

数度の引退撤回、俺には『SASUKE』しかない

――あるときは練習に打ち込みすぎて、お仕事をリストラされたとか……。

山田　仕事の合間にいろんな施設に行って筋トレしたり、走り込んだり、ロープを登ったりしていたんですよ。それを会社が知ることになりまして。会社から「辞めろ」と言われたんですよ。それでもまあ、隙を見つけてトレーニングに行くじゃないですか。そうしたら、また呼ばれて。「山田くんは会社の方針に従わない」と言われて。じゃあ、それならばってことで。その頃は（妻の実家が持っている）鉄工所で働こうかなって思っていた時期だったんで。その後も、変わらずトレーニングに打ち込みました。

――第6回大会、第7回大会の頃はオーバーワークで倒れられたとか。

山田　ですね。もうその頃は常に怪我をしていたんです。その頃の『SASUKE』は常にどこか故障を抱えたまま出場していました。肉離れなんてずっとしてたし、膝も痛めた、腰も痛めた……やってはいけないトレーニングをしていたんですよね。

――ど、どんなトレーニングだったのでしょう？

山田　坂道を走るときに何十キロの荷物を背負ったり、懸垂も1日700回やってみたり、50キロの重りをつけてやってみたり。仕事を遅くまでやったからトレーニングできない、というのはイヤだったから、帰ってきてから夜中2時くらいまでトレーニングしてましたね。ほかの選手の練習量よりも練習しないと、ほかの選手には勝てないじゃないですか。限界を超えていたかもしれませんね。

――それでオーバーワークに。

山田　ずっと調子が悪くて、紹介状をもらって病院に行ったんですけど、病名がないと診断されたんです。まあ、わかりやすく言うと臓器の機能障害ってことでした。滅多にない症例で、治すには自分の生活を改善するしかないと。それで仕事もトレーニングもやめるっていう。半年くらいしたら大分良くなってきたんで、病院の先生に「SASUKEに出たいです」と言ったんですけど、先生は「やめろ」っていう。家族も「やめろ」っていう。じゃあ、最後にするから1回だけやらせてくれ

SASUKE

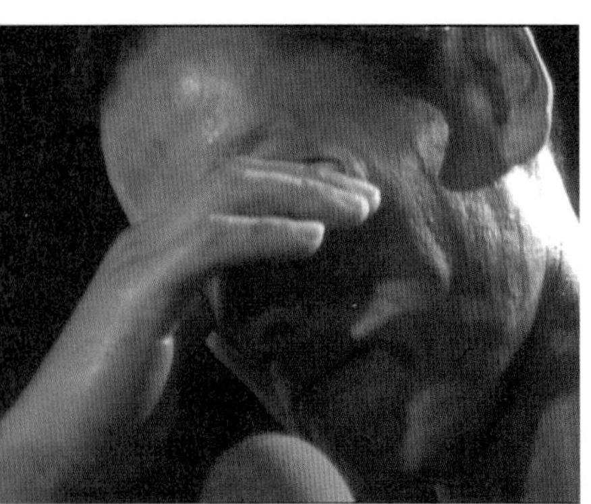

って。それが第8回ですよ。

――それが山田さんの最初の引退。でも、第9回大会には復帰されています。

山田　最初は1st、2nd、3rdとクリアできていたんですけど、第8回大会のときは2ndステージから先に行けなくなっていて。やっぱり「もうやめたほうがいいんちゃう」って声が多くなってきたんですよ。子どもも小学生になってきて、お父さんがテレビに出て、ずっと落ちてるっていうのもイヤな思いだろうなって。家族に負担かけてるなと感じていたんです。

――それでも、結局やめられなかった。

山田　やめられないんすよね。これで最後だと思って『ＳＡＳＵＫＥ』の本番を終えて、しばらくトレーニングを休んでいたんです。でも、翌年の春くらいになると大丈夫かなと思って。医者も大丈夫だと言ってくれたんで、次の『ＳＡＳＵＫＥ』のトレーニングを始めましたね。

――引退撤回。第10回大会には山田さんの名言「俺にはＳＡＳＵＫＥしかないんですよ」が出ます。その後も第16回大会で再び引退を口にして再び撤回と。かなり揺れながら『ＳＡＳＵＫＥ』に打ち込んでいらっしゃる。

山田　いや、テレビでは流せないことばかりですけどね。テレビ局の方にも「もうクリアせえへんのだったら、引退な」って言われたこともありました。でも、『ＳＡＳＵＫＥ』の本番が終わるとすぐにまたもう一回やりたいなって思うんです。それで局の人に掛け合って。でもね、そうやって続けていくうちに一番上の子どもが中学生になって陸上部に入ったんです。そこで子どもがなかなか勝てなくて苦労していたんですね。いつものように俺が夜に自宅の庭でトレーニングをしていたら、子どもの部屋のカーテンの隙間から、子どもが俺の姿を見ていたんですよ。普段は何も言わないけど、俺をちゃんと見てくれてると思ったら、諦めるとか、やめるとか、そういうことじゃないなと。カッコ悪くても、とにかく『ＳＡＳＵＫＥ』を続けようと思いましたね。俺には『ＳＡＳＵＫＥ』しかないんだなって。

お前が山田勝己だったら どうするか考えろ

――山田さんは第29回大会から「山田軍団・黒虎」を結成。後進の指導、そしてリーダーとして『ＳＡＳＵＫＥ』に関わっています。

山田　「SASUKE RISING」に変わったときに「黒虎」を作って。そこで自分の中で一区切りができたんです。教えることをやってみようと。ただ、『SASUKE』への熱さは全然変わってなくてね。いまは死ぬまでやってやろうって思ってますよ。

——山田さんも50代。山田さんが『SASUKE』に向かっていく姿に、日本中のファンが励まされています。

山田　もう身体もボロボロですし、ケガばかりでベストなコンディションからはかなり遠い。でも、やめる理由がもうないんですよ。この間、局の方に「俺はいつまでやればいいんですか？」って聞いたら「SASUKEがある限りです」と言われたんで。だから、トレーニングも死ぬまで続けるつもりです。いまでは『SASUKE』の本番が終わって、そのときがどんな成績だったとしても、もう本番の次の日からすぐに次の『SASUKE』に向かってトレーニングをしているんですよ。休まない。

——ずばり、いまの目標は？

山田　俺の人生のゴールって何やろなって思うんです。1stステージをクリアしても次がある。ゴールが見えない。ゴールがないレースに参加している感じがあるんですよ。いまはね、『SASUKE』の番組がある限り、やり続ける覚悟しかないんです。ひたすら続ける。それが生涯『SASUKE』ってことだと思っています。

——「黒虎」のメンバーはどのように決めているんですか？

山田　「黒虎」の弟子（メンバー）は選考会をして決めているんです。まず実力を見せてもらって、次に面接をして『SASUKE』に対する想いが強い人を取っています。『SASUKE』にどうしても出たい人は「黒虎」を利用すれば良い。ただし、ここはそんなに甘い場所じゃないからなって。

——山田さんは「黒虎」の若手にどんな指導をしているんですか？

山田　お前が山田勝己だったらどうするか考えろと言ってますね。負けそうなとき、挫けそうなとき、もうやめようかなと思ったときに山田勝己だったらどうするか考えろって。普通の人に想像つかないことをするから強くなれるんだ。普通の人が5時間トレーニングするなら、7時間やれ。普通の努力は『SASUKE』に出場しているみんなは当たり前にしているから。それじゃ勝つことはできないぞと。そういうことを俺が言えるのも、俺自身がずっと諦めずに続けてきたから、妥協しないでやり続けてきたからなんだと思うんです。人に「頑張れ」というのはすごく重い言葉だから、気軽には言えない。「頑張れ」と本気で言えるのは「頑張っている人」だけ。俺は弟子たちに厳しいことを言うけれど、そういう言葉を吐いた以上は自分がそうじゃなきゃいけない。俺が先に頑張らないといけない。

——弟子への言葉は、自分に向けた言葉でもあるんですね。

山田　諦めるな頑張れって、俺が先に見せたるから。俺は絶対諦めへんから。お前らでも絶対に諦めなきゃできるからってことですよね。最近は「黒虎」の弟子たちの躍進も大きくて。山本良幸がファイナリストになったり、高須賀隼が頑張っていたり。最近は楽しいなって思うようになりましたね。

——「黒虎」を結成して、山田さんの中で変わったものはありますか？

山田　最初は自分がクリアするために『SASUKE』をやっていたんです。正直言うと、俺ひとりで勝つつもりでトレーニングをしていました。でも、いまは「黒虎」のみんなで助け合って、励まし合って、みんなと一緒に戦うのが楽しい。勝ったやつがすごいと思わないし、負けたやつがあかんとも思わない。上を一生懸命目指すことに手ごたえを感じるようになりました。

——いよいよ第41回大会が始まります。抱負を教えてください。

山田　1stステージをクリアする自信はあるので、目標は2ndステージをクリアです。そこはここ数年ブレてないですね。まだ自分はできると思っているので上を目指したいです。

——最後に、山田さんにとって『SASUKE』とは？

山田　人生ですよ。『SASUKE』に出会えたからこそ、出続けたからこそ、いまがあるんで。『SASUKE』のレッドカーペットに上がれる人間は100人しかいない。選ばれし、強き者のひとりになって。1年経って、またそこに立つ。いまは毎回、毎回が自分にとって最高の『SASUKE』になっています。これまでも、これからも『SASUKE』が人生です。死ぬまでそう言い続けるでしょうね。

KATSUMI YAMADA

山田勝己　1965年10月22日生まれ。兵庫県出身。鉄工所社長。「ミスターSASUKE」の愛称で知られる。第1回大会から参加し、第3回大会、第6回大会、第10回大会で最優秀成績を記録する。現在は山田軍団・黒虎を率いて参戦中。

絶対王者 森本裕介

完全制覇のサスケくん

文：志田英邦
写真：松﨑浩之

SASUKE KINGDOM INTERVIEW

**史上２人目の２度の完全制覇者。
幼い頃から『SASUKE』に憧れ、中学生で出場。
以来、キャリアを重ねてきた『SASUKE』の申し子。
森本裕介が目指す先は前人未踏の３度目の完全制覇。**

最年少選手として
中学3年生で
『SASUKE』に出場

――森本さんが初めて『SASUKE』に参加したのは中学生、15歳でした。どうやって応募されたんですか？

森本　私の初出場のときもWebで、『SASUKE』の選手募集があったので、それに応募しました。現在の『SASUKE』は書類選考とオーディションで選考されますが、当時は「あなたの『SASUKE』への情熱を自由にお伝えください！」という感じで何でもアリでした。自分の思いを手紙に綴っても良いし、練習風景をビデオや写真に撮影して送っても良かったのです。なので私はとにかく自分の熱いSASUKE愛をアピールしたいと思って、手紙と動画と写真を大量に作成しまして、それを封筒にパンパンに詰め込んで、『SASUKE』を制作されている会社（当時）に送りつけました。その頃は憧れの長野（誠）さんが完全制覇（第17回大会）を達成したのをきっかけに、自分も本気で『SASUKE』を目指そうと思って、セットを作って練習をしていたんです。

――その頃からセットを自宅で組んでいらしたんですね。

森本　それまでは学校の施設や公園で『SASUKE』みたいなことをやっていたんですけど、それでは対応できないなと思ったので。家の近くのホームセンターで角材を買ってきてクリフを自分で作りました。でも、クリフは最初全然できなかったんですが、練習を重ねていくうちにちょっとずつできるようになって。楽しみながら練習をしていた記憶があります。

――『SASUKE』に対して、ご家庭の理解はあったんでしょうか。

森本　僕の父親は野球が好きだったので、僕に野球をさせたかったみたいです。でもバットを振らせてもキャッチボールをしても興味を持たない。これは困ったという感じだったみたいです。でも、公園に連れて行くと、遊具でずっと遊んでいる。だから野球を勧めるのは諦めたそうです。僕は公園で『SASUKE』っぽい動きをしている少年だったと思います。

『SASUKE』選手の中でいまだ誰ひとり達成できていない前人未踏の記録を目指したい。

第18回大会で初出場、第31回大会で完全制覇を達成

――初出場された第18回大会のことを覚えていらっしゃいますか？

森本　僕は緑山（TBS緑山スタジオ）に行くのすら初めてでしたし、僕が初出場した大会はリニューアルしてすべてのコースが変わっていたんです（編集部註・前回で長野誠が完全制覇を達成したため）。なので僕に限らず、みなさんが初見で同じ立場。いままで見たことがない障害に挑まなくてはいけなかったわけですね。でも、そのことよりも何よりも僕は朝から感動しっぱなしでした。『SASUKE』を収録している場所に入っていけたわけですから、それだけでドキドキワクワクしていましたし、会場にいたらあこがれの『SASUKE』の有力選手たちが入ってくる。それを見るだけで感動しちゃいましたね。緊張して声すらかけられなかったんですけど。

――セットに挑まれていかがでしたか？

森本　いざ競技となると緊張感はありませんでしたね。当時は中学生ですけど、『SASUKE』という夢の中に入ったかのような気分で。無我夢中だったというか夢見心地だったというか。気付いたら水の中に落ちてました（笑）。純粋に楽しめた初挑戦だったと思います。

――第19回大会から第22回大会まで連続で出場されています（第20回大会は骨折のため欠場）。ご自身の中で『SASUKE』へのアプローチが変わったところはありましたか？

森本　2回目の出場からちょっとメンタルが負けてしまった感じがあったんですよね。ものすごく緊張しました。1回目の出場は欲がなかったんでしょうね、良い意味で。2回目は1stステージは最低限でもクリアしないとという思いが強すぎて、身体が硬くなって頭も真っ白になりました。練習で積み上げてきたものが本番でまったく発揮できなかったという思いがありましたね。それが3回ぐらい続きました。それだけ失敗が続くと、応募しても審査で落ちてしまう。第23～26回大会は出場できなかったんです。それでも『SASUKE』の練習はあきらめずに続けていて。『SASUKE』に出場するために日本一という肩書がほしいなと思って、うんていに挑戦するといったチャレンジは続けていました。おかげで第27回大会は「うんていの日本記録保持者」ということで出場することができました。そのときは義務感や欲みたいなものがすべてリセットされたような気持ちで、楽しもうと思えましたね。

――大学受験の最中も『SASUKE』の練習をされていたんですか？

森本　もちろん受験勉強を一生懸命やってたんです。でも『SASUKE』のトレーニングをすることが受験勉強の息抜きにもなっていたんですよね。勉強で頭を使って、『SASUKE』の練習で身体を使って頭を休める、そして勉強で頭を使って体を休める……、交互にすることでうまくやっていた感じがあります。

――しかも、就職活動期間中には『SASUKE』第31回大会で史上4人目となる完全制覇をしています。

森本　就職期間中は待ちの時間がありますから、そういうときにトレーニングをしていました。これからの人生を考えると就職は大事だと思っていたので、就活を全力でやって。就活の息抜きとして『SASUKE』のトレーニングも頑張っていました。良いリフレッシュになっていたのかなと思います。

――かなり計画的にトレーニングを積まれていたんですね。

森本　そうですね。昔は完璧主義なところがあったかもしれないですね。何事にも失敗したくない、完璧にしたいという思いが強かったと思います。すべてのエリアでどう動くか、どうするかを全部決めて攻略していて、完全制覇までの動きを全部決めてそのまま本番でやるみたいな感じ。体操選手みたいにあらかじめ演技をイメージしておいて、そのまま演じるみたいな感じでしたね。当時、私も自宅に『SASUKE』の自作セットを作っていましたし、ほかにもセットを作っている選手がいたんです。もちろん番組サイドから図面をいただいたわけではないので、自分たちで分析して作ったセットなんですが、そういうセットで何度も練習することで感覚を掴むんです。

——セットを完全にマスターすれば完全制覇の道筋が見えるものですか。

森本　もちろん完全制覇に近付くことは可能だと思います。ただ性格の問題もあって。僕のように練習をひたすら積んで、それをその通りに行うのが得意な人は良いと思います。でも、感覚で動いたり、その場で発想のが得意だったり、本番に強い人はもっと違うやり方をしたほうが良いかもしれません。

森本世代の若手選手たちと切磋琢磨して強くなる

——完全制覇を成し遂げて、森本さんの『SASUKE』に対するスタンスやトレーニングは変わりましたか？

森本　昔はすべてを『SASUKE』セットに頼って、完璧にしようとしすぎて、それが良くなかったんですよね。細かいところまで正確さを追求する性格は僕の武器でもあるんですけど、それだともろいところがあるなとわかってきたんです。練習セットで完璧に動けるように仕上げて本番に向かうと、本番のセットの一部の長さや滑りやすさが違うと途端にそこが気になってしまう。ましてや、新エリアが追加されるとかなり不安定になってしまうんです。でも、それがいつからか……たぶん最初の完全制覇をした後だと思うんですけど、完璧主義を少しゆるめられるようになりました。この部分は完璧に仕上げておかないといけないけど、他のこの部分は本番の現場でも十分対応できる等。対応に強弱をつけることができるようになりました。それがいまの僕の強味になっています。

——昨今は、森本さんご自身も会社に勤めながら『SASUKE』のご準備をする環境になっていると思います。その変化についてはどのように対応されていますか？

森本　取り組み方を意思を持って変えたというよりも、社会人になってからはどうしても日中は仕事がありますから、トレーニングは時間との勝負になってしまいますね。忙しいときもありますし、残業もあります。残業が終わってから夜、眠るまでトレーニングをするといった厳しさはあります。

——完全制覇後は、具体的にどんなトレーニングを取り入れているんですか？

森本　大会本番が近付いてくると、遠征するんです。いろいろな人の家に『SASUKE』の自作セットがあるので、それに挑むんです。

——それはなぜですか？　武者修行？

森本　ひとつは、先ほど申し上げたように、ひとつのセットで完璧にやりすぎると、本番のセットでちょっとした練習との違いに違和感を感じてしまうんです。でも、いろいろな方の自作セットは滑り具合や距離感がそれぞれ違う。それに対応することで、本番に違和感なく取り組むことができるんです。

——『SASUKE』の選手たちと交流することが強味になっているんですね。若手選手は「森本世代」と言われ

IDEC

ることもありますが、そういう若手選手とはどのようなコミュニケーションを取っているんですか？

森本 そうですね。『SASUKE』仲間でグループLINEを作っていますね。僕もいくつか所属しているんですけど、そういうところでみんな自分の練習動画を送り合って、そこで意見や感想をもらうんです。苦手なエリアで「ここ悩んでます」と言ったら、みんなでアドバイスを送り合う。そうやって常にみんなで高め合ってます。若い子たちってモチベーションがすごいんですよ。『SASUKE』に出たい、完全制覇したいって思い。そういうがむしゃらな姿は刺激になりますね。たとえば『SASUKE』にはいろいろなエリアがあって、ある特定のエリアでは僕よりも上手くて若い選手がいる。そういう場合は、その選手にアドバイスを積極的に求めていくこともあって。自分のスキルアップに活かしていますね。一方で、若い選手はまだ始めたばかりで経験も浅い。やっぱり悩んでいる選手もいるんです。悩むと視野が狭くなって、いろいろなことが気付けなくなる。そういうときに相談に乗ってあげて、自分の経験をもとに「君が悩んでることは誰もが必ず経験することで、半年後1年後にはこういう状態になるから大丈夫なんだよ」と伝えています。僕の経験や敗戦の反省が、みんなのヒントになれば良いなと思っています。

——森本さんや森本世代の活躍により、『SASUKE』は競技としての一面が強くなったような感覚があります。森本さんは『SASUKE』が変わったなという感じがありますか？

森本 正直、私自身が自覚するというよりも、周りの選手の方からよく言われましたね。「お前がどんどんクリアしちゃうから、『SASUKE』が難しくなるんだ。もうちょっとペースを緩めてくれ」と（笑）。たしかに客観的に『SASUKE』を見ていると、難度が上がっていますから、そう言われても仕方がないのかなと思っています。『SASUKE』は完全制覇すると大きくリニューアルされてより難しくなります。すると、また僕が燃えて完全制覇したくなる……の繰り返しですね（笑）。

そして目指す先は前人未踏の頂へ

YUSUKE MORIMOTO

森本裕介　1991年12月21日生まれ。高知県出身。システムエンジニア。「サスケくん」の愛称で知られる。第18回大会で初出場。第31回大会、第38回大会で完全制覇を成し遂げる。

——これまでで一番印象に残っている大会はどちらですか。

森本 やっぱり……前回（編集部註・第40回大会、森本はFINALステージ進出。「綱登り」であと約1秒で完全制覇を逃した）ですかね。最後をギリギリ達成できなかったこと以外、僕のイメージ通りの動きが全エリアでできた大会だったんです。ゼッケン4000番という特別な番号をつけさせてもらいましたし、そのゼッケンをつけてファイナリストとして最後まで残れて、ギリギリにまで手をかけることができた。最後以外は99％満足できた大会でした。

——やはり完全制覇が目標ですか。

森本 やっぱり2回目の完全制覇を終えた後の目標としてあるのは、次の完全制覇ですね。3度目は僕の中でかなり特別なものだと考えているんですよ。『SASUKE』の選手の中でいまだ誰ひとり達成できていない前人未踏の記録ですからね。大変魅力があるなと思っています。いまはもうそこに向けて一点集中で突き進んでいこうという気持ちですね。

——第41回大会に向けての抱負をお聞かせください。

森本 一番の目標としては、前回ギリギリで逃してしまった完全制覇を達成することですね。この1年はFINALステージの練習、3rdステージの練習を強化してきました。今度こそ3度目の完全制覇を達成したいです。

——最後に、森本さんにとっては『SASUKE』とは？

森本 僕にとって『SASUKE』は「青春」だと思っています。夢を与えてもらいましたし、仲間と一緒に努力してその夢を達成するという経験をさせてもらいました。僕にとっては、まさしく青春ということばがふさわしいものだと思います。

父子鷹

史上最強の漁師

長野誠

SASUKE *ALL-STARS* INTERVIEW

「史上最強の漁師」にして
『SASUKE』２人目の完全制覇者である長野誠。
そして、その背中を見て育った長男・長野塊王。
この「史上最強の父子鷹」をロングインタビュー。
さらに大自然・地元宮崎の地で
行われた特訓にも密着——。

取材：井内悦史、宇野龍太郎、林 和弘（編集部）
構成／写真：林 和弘（編集部）

長野塊王

中学2年生

DON'T GIVE UP TRYING

「クリスマスプレゼント何がいい？」って聞いたら「そり立つ壁」って。

クリスマスプレゼントは そり立つ壁

――最初に確認しておきたいんですけど、おふたり共通の目標は昨年と変わっていませんか？

長野　そうですね。1ｓｔステージですね。

――親子揃って1ｓｔクリア。

長野　俺は2ｎｄは無理だろうから、塊王には2ｎｄステージまでクリアしてほしいなっていうのはありますね。でも、そういう先のことよりは、まずは1ｓｔ。ふたりともクリアしたい。そこだけですよね。

――昨年は長野さん、シルクスライダーが終わってフィッシュボーンのところで、ちょっとスピードダウンしたという印象があります。

長野　足をくじきました。その日の夕方には腫れ上がって、次の日になったら本当に歩けるかっていうくらいに腫れ上がって。でも、あれがなくても、やっぱり息切れがすごくて、足も前にいかない。足の痛さより持久力、下半身。そこが落ちてるっていう実感はしてました。

――ひとつ目のそり立つ壁を登ったところで、残り十数秒だったんですよね。

長野　時間がもうちょっとあったにせよ、結局息切れで登れてないんですよ。だから、そのあたりはわかってるんですけど、なかなかね。息切れがきて、身体が動かなくなる。それで、もうゼエゼエゼエ。そり立つ壁になったら、足が動かない。他のエリアは経験で何とかなるっていうのもありますけど、持久力系になるとね。

――そして塊王くん。去年が初出場でしたけど、塊王くんはいま……。

塊王　中学2年生です。

――お父さんが『ＳＡＳＵＫＥ』に出てるっていうのを最初に知ったのは、いつくらいですか？

塊王　物心ついた頃には、もう『ＳＡＳＵＫＥ』に出ていました。

――テレビでも流れたことがありますが、ちっちゃい頃、緑山でお父さんを応援したことは覚えてますか？

塊王　はい。

――塊王くんが『ＳＡＳＵＫＥ』に出たいなと思ったのは、お父さんの影響ですか？「自分もやってみたいな」と。

塊王　はい。ずっと出たいなって思っていました。

――お父さんに「出たい」とは言ってたんですか？

塊王　ちょこちょこ言ったりとかはしてました。

――（長野さんに）小さい頃から、お聞きになっていましたか？

長野　そうですね。私が出てるから、そういうのに憧れて出たいっていうのは言ってましたね。あるとき、こいつに「クリスマスプレゼント何がいい？」って聞いたら「そり立つ壁がいい」って言って。それで、そり立つ壁を作ったんですよ。

――すごいですね（笑）。それは、いくつのときですか？

長野　小学5年生くらいですかね。それで家にそり立つ壁を作って、その後にもドンドン『SASUKE』のセットを作ったんですよ。それを俺が、あだこうだって言わず、自分でやってたんです。それを見て「こいつ結構素質あるよな」っていうのは思ってたんですよ。いままでもそうですけどコツとか、そういうアドバイスって、ほぼしていない。

——自分に憧れて『SASUKE』に出たいと聞いて、嬉しかったですか？

長野　それは嬉しいですよ。それは、やっぱりそうですよね。それが一番の嬉しさですよね。

——親子で一緒に練習されたりすると、やっぱり、ひとりでやるのとは気持ちが違いますか？

長野　やっぱりモチベーションというか、気持ちは違いますね。ひとりで練習すると「もういっか」っていうのがありますけど、子どもとだったら、もう少し意地を見せたり、もうちょっと一緒にやりたいなって気持ちもあるし。

真っ白になった初挑戦の『SASUKE』

——塊王くん、『SASUKE』に初出場してみてどうでしたか？

塊王　緊張しましたね。それで、思ったよりも身体が動かなかった。

長野　緊張したら、もう身体が動かないからね。

——お父さんの応援で緑山に行ってたときと比べて、実際にあの場に立ってみて、景色はどうでしたか？

塊王　全然違います。昔は応援してるだけなので。いざ自分がやるとなったら、全然緊張します。

——しかも、塊王くんの前に、中島（結太）くんが結構トントントンと進みましたよね。それも目に入っちゃうし。

塊王　はい。プレッシャーがすごかったです、あれは。

長野　俺の子っていう周りからの目もあるだろうし、初めて出るっていう緊張感もあるし、中島くんのパフォーマンスを見た後っていうのもあるし。俺が一番最初『SASUKE』に出たときも頭の中、真っ白でしたもん。スタートして気がついたらそり立つ壁の前だった。その間の記憶が全然ないんですよ。それで、その先に行けなかったっていう。

——塊王くんも急にスタートラインに立って、お父さんから「頑張れ！」って言われて、実況があって、すぐに始まった。「もうやるの？」っていう感じだったでしょう。

長野　俺のアドバイスも悪かったんですよ。ローリングヒルは一番心配してたんです。嫁とふたりで「あそこで落ちんかな」「あそこが心配やねん」って言ってたら、その通りになったから。

——そうだったんですね。

長野　最初は「つま先を絶対入れろ」って言ってたんですよ。「つま先を入れて身体を立てろ」って言ってたのが、後半になると「身体を立てろ」「絶対に立てろ」ばっかりになってしまった。つま先のほうが最初なのに、そこが抜けて「身体を絶対立てろ」「絶対に寝かすなよ」ってことばっかり言ってたから、飛び乗ったらすぐに身体を立てて。つま先のことは忘れてたから、あのへんは悪かったなって。

——塊王くんは落ちた後、どんな気持ちでしたか？

塊王　ゆっくりスローモーション（笑）。やってしまったなって。

——塊王くん、フィッシュボーンを越えれば1stクリアは行けたと思うんですよね。

長野　フィッシュボーンはミスったり

バランスを崩したりって、そういうのがあるから怖いですけど、そこを抜けたらドラゴングライダーも行けるし、タックルも押せないことはない。そり立つ壁も行けるから、エリアは全部行けるんですよ。だから、ああいうバカみたいに緊張して失敗さえしなければ絶対クリアできる。

——昨年の映像をYouTubeチャンネルで見ましたが、長野さん、思いっきり「(塊王くんが)最初のほうで失敗したら二度と出さない!」「そんなに『SASUKE』は甘いもんじゃない!」っておっしゃってましたね(笑)。

長野 それ記事に書いてください(笑)。あのときメチャメチャ怒って「もう二度と出さんからな!」って捨て台詞を吐いたんですよ。

——そこはオンエアでもカットされてましたね。

塊王 何秒かしか流れてなかった(笑)。

長野 使ってほしかったのにな(笑)。

——お父さん以外の反応は、どうでしたか?

長野 俺と嫁以外、みんなは「次があるから」とか優しい言葉をかけて。

塊王 パパとママだけがね(笑)。

長野 「もう絶対出さんぞ!」って(笑)。

——そのときはとても怒ってたとして、その後、お父さんと何か話しましたか?

塊王 家に帰った後は優しくアドバイスしてくれました。ローリングヒルのコツとか、丁寧に教えてくれて。

——今日お話して安心しました。塊王くんがやる気になってるのを見て。このままじゃ終われないですね。

塊王 はい。

さらなる新世代とオールスターズの絆

——『SASUKE』の技術的な面はお父さんが教えられると思うんですけど、メンタル的な面って話したりしますか?

長野 オールスターズの中で、私が一番メンタル弱いんですよ。

——そうなんですか?

長野 だって俺、テレビではわからないかもしれないですけど、靴紐を結ぶときとか本当に結べないくらい手が震えてますもん。だからメンタル、気持ちの面は教えようがないっていうのはあるんですよ。

——でも長野さん、そこを超えてきたからこそ完全制覇を達成したわけじゃないですか。

長野 それは、すべてトレーニング。トレーニングをやってやってやってやったら、ものすごく自信がつくから、それでメンタルも上がるんです。「やってきたから絶対大丈夫」「これ以上やって落ちたら、それは仕方ねえや」って、それくらいメンタルが強くなると思うんですよ。だから、塊王にも「やれやれ」言うんですけど、俺と一緒で怠け者でね(笑)。

——塊王くん、もともとポテンシャルはありますし、家で練習もしているから、エリアとしてはクリアが見えてると思います。そのへんは、自分でも仕上がって来たなって感じますか?

塊王 部分的にはできるので、あとは気持ちの問題だと思います。

——自分的に「ここが足りてないかな」というのはどういうところですか?

塊王 足とかパワーです。

長野 やっぱり下半身ですかね。あとは1stにはあまり関係のない腕の力。そのへんは2nd、3rdに行くようになってからでもいいかなっていうのはあるんで、とりあえずは気持ちの面と下半身。ここが、いまの弱点ですね。

——塊王くんの『SASUKE』における夢は、何ですか? やっぱり、お父さんと同じ完全制覇?

塊王 そうですね。完全制覇を目指して。

——さっき話に出た中島くんもそうですが、塊王くんや十代の子たち、中学生とか「SASUKE甲子園」の高校生が活躍するようになると面白いですね。

塊王 はい。

——長野さんは、どうですか?

長野 やっぱり、いまは森本くんたちの世代が元気出してやってますけど、その次に控える人間が出てきたら、もっともっと面白くなるんじゃないかなっていうのはありますよね。

——だから、塊王くんは「新世代の期待の星」というか。

長野 そういう風になってもらえるといいんですけどね。

——同世代の中島くんはライバルという感じですか?

長野 ライバルじゃないよね。『SASUKE』って1位2位を争う競技じゃないから。何人でも完全制覇はできるんですよ。自分の実力っていうだけの話だから。もうね、俺たちは「早くオールスターズ全員でFINALまで行きたいよね」っていうのがあるんですよ。ただ、それは難しいから「3rdステージまでは一緒に行きたいね」ってことは言ってたんです。そこから先は実力、FINALに行けるか行けないかっていうのはわからないけど「そこまでは、みんなで頑張ろうや」って言ってたんですよね。

——それは個人競技である『SASUKE』ならではの「絆」ですね。

塊王 だから中島くんとも一緒にクリアしたいです。

父と子
ふたりで追いかける夢

――改めて、おふたりの第41回大会の目標は？

長野　親子で1ｓｔステージクリアですね。

塊王　同じく、1ｓｔクリアしたいです。

長野　お前、1ｓｔだけか？（笑）

――いつも長野さんは、2ｎｄとか3ｒｄの練習をして1ｓｔがおろそかになったらダメなんだとおっしゃってますよね。

長野　みんなそうなんですよ。『SASUKE』でパワー系ばっかり練習して、1ｓｔで失敗する人が多いから。1ｓｔクリアしないと3ｒｄとかのパワー系できないからね。

――塊王くんが完全制覇したら、史上初の親子完全制覇。これは本当に快挙だと思います。けど、長野さんと塊王くんが、いまのところ唯一のチャレンジャー。でも、それ以前に「親子で2ｎｄ挑戦」というのも、想像しただけで、胸が熱くなります。

長野　親子で初だし、俺も1ｓｔステージ、もしかしたら一番……何て言うか……そう、最年長（苦笑）。言葉が出てこない。

塊王　ヤバい（笑）。

――塊王くんが最年少で、長野さんは最年長。塊王くんには、まだまだ長い未来がありますから、あとは長野さんですね。

KAIOU NAGANO
長野塊王　2009年6月3日生まれ。宮崎県出身。「史上最強の漁師」長野誠の長男。2022年の第40回大会で『SASUKE』デビューするもローリングヒルでリタイア。第41回大会での雪辱に燃える中学2年生。

MAKOTO NAGANO
長野 誠　1972年3月30日生まれ。宮崎県出身。SASUKEオールスターズ。2001年の第7回大会で『SASUKE』初出場。2006年の第17回大会で史上2人目の完全制覇者となる。2016年の第32回で引退、第40回大会に長男・塊王と出場。史上初の親子1stクリアを目指す。

長野　そうですね。本当に残された時間がなくなるほど、俺は遅れれば遅れるから。

塊王　頑張ってやらないとね。

――では最後に、これは、みなさんにお聞きしてるんですけど、長野さんにとって『SASUKE』とは？

長野　それは昔から変わってないです。「生きた証を残せる場所」。たぶん俺も長くはないと思うけど、やっぱり、ここまで人生に入り込んじゃったのは『SASUKE』だけだから。それは俺が残せた証かなって。

――なるほど。塊王くんは？

塊王　……難しい。

――中学生だと難しいですよね（笑）。いまの気持ちを教えてください。

塊王　自分にとって『SASUKE』とは……「夢」かなあ。ずっと出たかった『SASUKE』なので。

――素晴らしい。では、おふたり、長野家にとっての『SASUKE』とは何でしょうか？

長野　長野家にとっての『SASUKE』……俺ひとりだったのが子どもも一緒にやれたっていうことで「夢を追いかける場所」。そういう感じになったのかな。

――いいですね、親子で同じ夢っていうのが。

長野　そうですね。夢を追いかける場所。

――ありがとうございます。第41回大会、おふたり揃っての1ｓｔクリア期待してます！

SASUKE NEW *GENERATIONS*

漆原裕治

YUJI URUSHIHARA

漆原裕治　1978年8月21日生まれ。東京都出身。株式会社ハルタ勤務の営業。第21回大会から本戦出場。第22回大会ファイナリスト、第24回大会で完全制覇、第27回大会で二度目の完全制覇を達成する。

SASUKE NEW *GENERATIONS*

又地 諒

RYO MATACHI

又地 諒　1989年5月29日生まれ。神奈川県出身。配管工。第21回大会で予選会から本選出場。第27回大会、第30回大会でファイナリストとなる。第40回大会では21年ぶりに出場するケイン・コスギの練習コーチを務めた。

SASUKE
NEW
GENERATIONS

川口朋広

TOMOHIRO KAWAGUCHI

川口朋広　1981年9月24日生まれ。東京都出身。コンクリートミキサー車運転手を行いながら、自身のブランド「ALTIOR」を立ち上げる。第21回大会で予選会から本戦出場し第30回大会ファイナリスト。第40回記念大会では4大会ぶり3rdステージ進出。

SASUKE
NEW
GENERATIONS

日置将士

MASASHI HIOKI

キタガワ電気

日置将士　1981年6月5日生まれ。千葉県出身。キタガワ電気の店長。第25回大会で予選会から本戦出場。『SASUKE』の「切り込み隊長」として活躍し、これまでに3rdステージに7回進出。抜群の成績を誇る。

仲間

SASUKE 新世代座談会

漆原裕治
又地 諒
川口朋広
日置将士

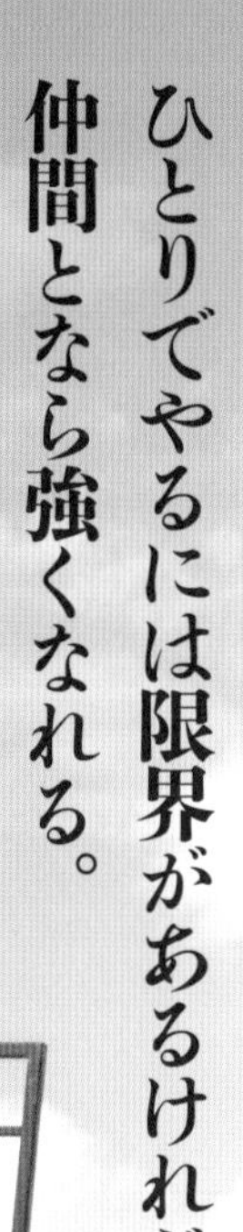

ひとりでやるには限界があるけれど、仲間となら強くなれる。

SASUKE ***NEW GENERATIONS***

**『SASUKE』をリードする新世代の選手たち。
史上初の二度の完全制覇者・漆原裕治をリーダーとして、
第27回・第30回ファイナリストの又地諒、
第30回ファイナリストの川口朋広、
3rdステージ常連の日置将士の４人。
彼らはともにトレーニングを積み、さらなる高みを目指す！**

文：志田英邦
写真：松崎浩之

お台場「マッスルパーク」で出会った仲間たち

――まず、みなさんと『SASUKE』の出会いを教えてください。

又地　昔、深夜に『筋肉番付』の兄弟番組が放送されていたんですね。当時小学生で、夜中にこっそりと起きて親にバレないように見ていたんです。それと同時にゴールデン帯で放送していた『筋肉番付』のいち企画として『SASUKE』があり、アスレチックなどが好きだった僕は釘付けになって見てました。

漆原　僕が『SASUKE』を見たときは、すでに20歳を超えていました。自分は体操をやっていたので、自分でもちょっとはできるかなという感じで視聴者として見ていたんです。ただ僕は身体が小さくて、絶対に無理だよって言われていたんですよ。でも、自分ならどこまで行けるんだろうという気持ちがあって。それで挑戦してみようと思いました。

川口　ある日ゴールデンタイムにチャンネルをガチャガチャ回して、面白い番組を探していたんです。そうしたら第17回大会の3rdステージの最中だったんです。ぶら下がって水に落ちないようにするっていうシンプルなルールが面白くて、最後まで見ちゃったんですよね。そうしたらその大会で長野さんが完全制覇をしたんです。僕も出場したいと思ったけれど、出場の方法が全然わからなかった。

日置　僕はどの大会から見始めたのかわからないくらい、ただの視聴者だったんです。でも、見ているうちに自分でもできそうだなって思ったんですね。そうしたらお台場に「お台場マッスルパーク」というテーマパークができて、そこに彼女とデートで行ったんです。そこのアトラクションをやって、カッコいいところを見せようと思ったら、全然できなくて。『SASUKE』ってこんなに難しかったんだって。そこからトレーニングを積んで、そのテーマパークをクリアすることが目標になったんです。そこに通ってるうちに川口やウルさん（漆原）たちと知り合って。いつしか本戦に出てみようという話になって。ウルさんが出て、又地が出て、川口が出て……僕も出たいという気持ちになって、どんどんハマっていったって感じですね。

――みなさんが出会われたのはお台場の「マッスルパーク」だったんですね。

漆原 そうですね。「マッスルパーク」からつながって。世代ですね。そこから『SASUKE』の予選会に出て……という。

日置 当時はもっと人数も多かったんですよ。「マッスルパーク」に通っていた何十人という人たちがいて。予選会で落ちる人も、本戦に出れる人もいて。ウルさんが第22回大会でFINALステージに進んで。そこから僕らの『SASUKE』選手の道が切り開かれた感じがあります。

又地 そうですよね。あのウルさんの活躍した姿は一緒に練習していた僕たちにとっても自信になったし、僕らのやってきたことは間違ってなかったと思った瞬間だった。

漆原 当時、予選会からFINALステージまで勝ち上がった選手って少なかったんですよ。だから、自分でもどこまでできるかわからなかったんですけど、行けて良かったですね。あれがあったから15年続けることができました。

――当時、「マッスルパーク」のグループはどんな活動をしていたんですか。

漆原 当時はmixiがあったのでそこでどんどんつながって情報交換だったり、いっしょに練習したりっていう。「自分の家にセットを作ったからおいでよ」とか。ひとりがセットを作ると、みんなが真似をしてどんどん作りはじめる。それでお互いの家に行くようになったりして。まだみんな20〜30代前半だったので自由な時間もあって、みんなで各地方でやっている『SASUKE』のイベントに行ったりもしましたね。楽しかった。

川口 行ったねえ！

漆原 正月の夜中に集まってトレーニングしたり（笑）。

一同 あははは（笑）。

漆原 トレーニングしながら年越ししましたね。その頃はもう30代でしたけど、『SASUKE』で青春のような毎日を送っていたと思います。みんなで完全制覇を目指すぞって。やっぱり、ひとりでやるには限界があるので、仲間の大切さを感じていましたね。

仲間と一緒に強くなっていく

――それぞれの選手としての印象をお聞かせください。まずは漆原さんの印象をお三方から聞いても良いですか？

川口 ウルさんの特徴は……良いことと悪いことをちゃんと言ってくれることですね。自分が迷ったときに正しいトレーニング方法や考え方をわかりやすく直球で教えてくれる。みんなの頼れるリーダーという感じがあります。

日置 『SASUKE』は一度きりの勝負で実力を出し切らないといけないんですが、それって一番難しいことなんですよ。やり直しがきかないわけですから。でも、ウルさんは本番できっちり自分の100を出し切る。そして結果をきちんと出している。そこは真似できないところであり、だからこそ2回の完全制覇を成し遂げたんだなと尊敬しています。

又地 僕は新世代の中で一番歳が離れていて、一番近い日置さんとも9つ差なんです。僕が20歳ぐらいの頃からみなさんと仲良くしてもらっていて。みんな僕にとっては先輩であり、兄貴であり、ずっと背中を見てきたんです。中でも、漆原さんと日置さんにはプライベートでも仲良くさせていただいていて。漆原さんはまさに兄貴といった存在ですね。

漆原 そうか、又地ももう30代か……。出会ってから15年経ってるもんなあ。

又地 漆原さんは10代の頃からお世話になっていて、感謝しかないです。

――又地さんはどんな印象ですか？

漆原 いまでは30代になって立派な大人ですけど、最初に出会ったときから、ずっと又地に活躍してほしいなって思っていたんです。どこにいっても又地はすごいなって感じていました。いまでは僕よりも実力がずっとあるんで。これからも楽しみです。

川口 又地は……センスの塊だと思っています。

日置 ああ、わかる！

川口 『SASUKE』って新しいエリアができて、新しい動きが求められるんですけど、それをいち早くものにするのが又地なんです。しかも、それをしっかりと再現できて、僕らに解説してくれる。困ったときは又地に聞く。すると、的確なアドバイスをもらえるんです。

日置 いちばん『SASUKE』に詳しいよね。

漆原 研究熱心なんですよ。森本は理詰めなんだけど、又地は感覚とセンスで研究していくタイプ。僕と又地は体格が近いので、すごく参考になります。又地のおかげで完全制覇できた部分もすごく大きい。

日置 （又地は）小学校から『SASUKE』が好きで、僕らの中でも『SASUKE』好き歴はぶっちぎりで一番ですからね。卒業文集に書いてたんでしょ？

又地 「完全制覇」って書いてました。

中学校の頃は応援団長をやったんですけど、そのときの団旗には「完全制覇」って書いてました。

一同　見たい〜！

又地　応援団の活動をしているときも、どこかに『SASUKE』の要素を入れたいって思ってたんです

日置　じゃあ、『SASUKE』仲間ができたときは嬉しかったでしょ？

又地　むちゃくちゃ嬉しかったです。何も気兼ねすることなく楽しんでます。

——川口さんの印象をお聞かせください。

日置　僕は川口の教えで『SASUKE』を始めたので。『SASUKE』の考え方や、難しいエリアの挑み方を最初に教えてくれたのが川口なんです。僕と川口は同い年で仲間だけど、『SASUKE』になると兄さんって感じなんです。だから、兄さんが不調のときは悔しいんですよ。ムカついてました（笑）。最近はまた活躍しているんで、僕も頑張らなきゃなと思ってます。

漆原　川口はね……おっちょこちょいなんですよ。そこを努力と研究で3rdステージまで返り咲いたというのはすごいことだと思うんですけど、詰めが甘い部分が多くて！……いまは「教授」なんて呼ばれてますけど、詰めの甘さを克服できればもっと上まで行ける選手なんですよ。

川口　俺にだけ厳しい！（笑）

日置　でもね、川口は海外に行くとチームジャパンのキャプテンですからね。チームをちゃんとまとめて、順番とか選手のコンディションの把握とか、戦略を立てるのはすごく上手いし、気配りもできる。

又地　僕は川口さんと年齢も離れてたんで、最初はちょっと怖そうだなって思ってました。

漆原　ああ、いまはどうなの？

又地　いや、いまは怖くはないですけど（笑）。

漆原　誰か、言ってくれる人とか教えてくれる人がいないと。みんなが「川口さん、川口さん」って持ちあげちゃうんで。もっと周りの人に意見を言われるようになると、もっと伸びると思います。

川口　今日は厳しいっすねえ!!（笑）

——日置さんの印象は、いかがですか？

漆原　日置はもともとスポーツマンなんですよ。バドミントンでインターハイとか行ってますからね。基礎体力とかスピードとかセンスは僕たちよりも格段に大きいと思います。だから、1stステージのクリア率もすごく高いし、これからもまだまだ活躍すると思っていますね。ただFINALは難しいかもしれませんね。

日置　厳しいっすね!!　俺にも厳しい（笑）。

漆原　日置はまだまだもっと先の可能性があると思うんですよ。

日置　漆原は引っ張ってくれるんですよね。もう毎日、電話してくれて「お

前は今日、懸垂やったか?」って。

漆原　海外に行ったときに「腕の力がなくて落っこちた」って言われたんです。その日から毎日電話して。「今日は１００回だ」って。電話越しに一緒に懸垂をしてましたね。本人の努力ですけど、強くなったなと思いますよ。

川口　日置は「マッスルパーク」で出会って唯一、一緒に続けている同級生なので。一緒に海外で日本代表として出られたり、３ｒｄステージで立ててるのがすごく刺激になります。前回、彼が２ｎｄステージで落ちたときは、自分のこと以上に悔しくて残念でした。

又地　最初に「マッスルパーク」で出会ったときは、ノリでやっている人だと思っていたんですよ。

漆原　ああ、すぐにやめちゃうんだろうなってことだよね。

又地　そうそう。彼女を連れてきてたし。ここまで『ＳＡＳＵＫＥ』を続ける人とは思っていなかった。

日置　俺自身も思ってなかったよ。

又地　でも、いまも活躍しているし、人脈も広いし、トークも上手じゃないですか。本当にすごいなって、いまでは思っています。

漆原　頭の回転が速いんだよ。そういう意味では『ＳＡＳＵＫＥ』の競技者としても人間としても、一番変化が大きかったよね。

日置　子どもができたっていうのが大きいかもしれない。自分の中ではね。

彼らが目指すものはひとつ

——さて、第41回大会が始まります。新世代のみなさんの抱負をお聞かせください。

日置　スタミナや体力の低下で自分が狙った通りの動きができないという、自分の頭と肉体のズレが出てきていて。これが老化ってものなのかなと。一生懸命、頭と肉体を一致させるトレーニングをしてきました。前回は完全にスタミナ切れをして途中でパニックになってしまったので、今回は改めてスタミナも強くして、テクニックではなく、地力で負けない身体作りをしています。もう一度３ｒｄステージに立って僕が苦手なクリフに挑みたいです。

川口　僕は前回4年ぶりに３ｒｄステージに立ったので、今回目指すのは二

度目のファイナリスト。それを目標にこの1年過ごしてきました。特に3rdステージの対策をしてきた1年なので、みなさんにその先の姿をみなさんにお見せできるように、全力で挑みたいと思います。

又地　目標はいまも変わらず完全制覇です。スランプに陥った時期もありましたが、いまはかなり調子が良くなっています。今回こそFINALに進出し、完全復活を見せたいと思います。

漆原　自分も45歳になって、FINALを見据えたトレーニングはこんなにも大変なのかと。上がっては下がってを繰り返しているところです。自分の限界を超えて、家族に自分がFINALステージの前に立っている姿を見せたいですね。

――では、最後の質問です。みなさんにとって『SASUKE』とは何でしょう？

漆原　僕にとって『SASUKE』は仲間と仲間をつなげてくれるもの。選手同士だけでなく、スタッフ、家族、みんなをつなげる絆です。『SASUKE』がなければ、いまの自分の人生はなかった大切なものです。

又地　僕にとって、今や生活の軸となるもので、やることすべての原動力です。『SASUKE』は僕の人生を豊かにしてくれました。『SASUKE』とともに歩んだ人生は僕の財産。

川口　『SASUKE』は自分の人生の可能性を無限に広げてくれるものです。友人関係や自分の私生活、僕の仕事にまで影響していて。『SASUKE』に出場したことで、自分の会社の名前を知ってくださる人が増えた。今後も『SASUKE』とともに僕自身の可能性も広げていきたいなと思っています。

日置　僕は『SASUKE』をやり始めて、第二の青春だなと思ったんです。僕は小中高とバドミントンをずっと続けてきて、勝ったり負けたり先生、先輩、後輩、対戦相手といろいろな出会いがあったんですね。バドミントンが好きな人たちがお金のためじゃないものに全力で打ち込んで、全力で頑張れる。そこに大きな温かい輪が生まれていくことが好きだったんです。その小中高でしか味わえなかったことが、大人になって『SASUKE』で味わえた青春ですね。

bariante
PAPAS
PLUS

不死鳥

SASUKE唯一の皆勤賞 山本進悟

文：志田英邦
写真：松崎浩之

SASUKE *ALL-STARS* INTERVIEW

26年にわたる『SASUKE』の歴史の中でただひとり全大会連続出場の鉄人。その明るい笑顔の下には、たくさんの苦悩と痛みがあった。それでも『SASUKE』に出場し続けるカリスマ山本進悟が語る、走り続けてきた日々。

唯一無二の「SASUKE皆勤賞」プレイヤー

――山本さんは『SASUKE』唯一の全大会出場者。「SASUKE皆勤賞」です。この実績をご自身はどのように受け止めているんでしょうか。

山本　僕も正直、約26年40回出られるなんて思ってもいなかったんです。気がついたらこの年数この回数だったんです。回数を重ねていく中で周りの方がどんどん引退していって、結果的に僕だけがポツッと残ったみたいな感じなんですよ。だけど、僕の心境として「もういいや」と思ったことは一度もなかった。毎回出場が終わっても「次をやりたい」「挑戦したい」という気持ちがどうしてもあって。本番中に1st、2nd、3rdとひとつひとつを超えていく達成感を味わいたかっただけなんですよね。でも、それを続けているうちに、いまのような結果になったってことです。

――26年前、山本さんが『SASUKE』へ参加することになったのは、ご自身の意志というよりも、友人の推薦がきっかけだったそうですね。

山本　そうなんですよ。突然「TBSです」と電話がかかってきたんですよね。まだ、携帯電話もそんなにない時期ですから、家の電話にね。「いたずら電話はやめてほしいんですよね」と一度切っちゃったんですよ。そうしたら、もう一度電話がかかってきて「TBSの『筋肉番付』の担当ですが、新しい番組を作るのに山本さんの名前があがっていまして」と。電話口の人から、僕の中学校時代の友人の名前が出てきて、その彼が僕を推薦してくれたって。それで興味が出てきたから、話を聞いていたら「今度、巨大アスレチックに挑むような番組をやる」って。僕は『筋肉番付』に出場するのが夢だったので、すごく嬉しかったんですよ。いまだに覚えていますもん。そこから始まったんですよね。

――そのご友人が推薦するくらい、中

SHINGO YAMAMOTO

仕事と家庭をちゃんとこなして初めて『SASUKE』がある。

学時代の山本さんは運動神経が優れていたってことですね。

山本　中学時代はメインでバスケットボールをやっていたんです。でも、「ちょっと出て」って頼まれて、板橋区陸上競技協会の大会に出ていたんですよ。中学1年生からそれに出ているうちに、3年生のときに幅跳びで都大会3位に入って。その友人は、そうやって僕がジャンプ力とスピードがあるのを覚えていてくれたんでしょうね。当時は垂直跳びで97センチくらい跳んでいましたから。

――第1回大会の『SASUKE』に出場してみていかがでしたか。

山本　すごく楽しかったですね。でも、そのときは楽しいというだけの感想だったんです。そうしたら半年くらいが過ぎて忘れかけた頃にもう一度TBSから電話があって。「第2回目をやりますのでもう一度出場してくれませんか」と。大喜びでしたね。初めて緑山スタジオに行きました。そうしたら二度目も良い成績を収めることができて。そこから、僕を見る周りの目が変わってきたんですよ。地元に帰ったら「次は頑張ってくださいね」と言われるようになったし。第7回大会でFINALステージに行ったときはちょっとしたヒーローみたいになってしまった。

――過去のインタビューで、第7回大会でスポットライトに当たった後から「セクシーなビデオ借りられなくなった」とおっしゃっていましたね（笑）。

山本　本当にそうなんですよ（笑）。レンタルビデオ屋ってセクシーなビデオが置いてあるところがカーテンで仕切られているじゃないですか。僕がそこに入ったら、ちっちゃな子が僕と一緒にカーテンの中に入ってきちゃったんですよ。そうしたらその子が『SASUKE』、頑張ってください」って声をかけてくれて。こりゃあ、もう二度とそういうところには行けないなって思いましたよ（笑）。

仕事がまず第一という揺るがないポリシー

——『SASUKE』に毎回、参戦されるようになっても、山本さんはご自身のお仕事もしっかりこなしていらっしゃいます。「仕事がまず第一で、そういうのが全部できて初めて『SASUKE』です」とおっしゃっていましたね。

山本　これは僕が考え方を未だに曲げていないところなんです。最初から現在に至るまで、仕事と家庭をちゃんとこなして初めて『SASUKE』がある。そのスタンスは変わっていませんね。『SASUKE』のために家庭や仕事を壊すことはありえない。そういう選手がいたとしても、僕はカッコよく思えないんですよ。自分たちはやっぱり素人なので、本業があって仕事も学業もやらなきゃいけない。あくまで僕のこだわりなんですけど、そういうプライベートをしっかりしている『SASUKE』選手はカッコいいですよね。そういう人は、みんながあこがれられる存在になれるんだと思います。

——これまで40回に渡って『SASUKE』に出場されてきて、ご自身の印象に残っている回はどちらですか？

山本　おかげさまで長く出させていただいてるんで、正直、良いところも悪いところもたくさんあるんですよ。さっき言った第7回大会は、僕がFINALステージまで行けた回なので結果も良かった。でも、第11回大会以降は僕の年齢が30代に入った頃で、それくらいになると仕事の立場が変わって、責任も増して大変になるじゃないですか。僕も（当時勤めていたガソリンスタンドの）統括エリアマネージャーという立場になって、従業員を何人も見なくてはいけなくなってしまった。各店舗の数字を管理しながら人を育てるということをやっていて、その仕事の数字が落ちれば、自分の好きなことをやってる場合じゃなくなる。『SASUKE』も集中できない辛い時期でしたね。第12回大会の前後ではヘルニアになってしまって『SASUKE』の本番の会場の裏で痛くて痛くてうずくまっていた時期があったんです。そうしたら仲良くさせてもらっていた東京ヤクルトスワローズのトレーナーさんが親身になってくださって。その方は整形外科の先生でもあったので、いろいろと助けてくれました。ブンブン丸の池山（隆寛）さん（現：東京ヤクルトスワローズ二軍監督）から腰痛が楽になるスパッツをいただいたこともあります。

引退宣言から引退撤回へ、わずか3時間の事件

——仕事の責任、新人の育成、ケガ、それでも『SASUKE』を辞めなかったんですね。

山本　辞めなかったんですよねえ。毎年出場するのがだんだん当たり前になってくると、最初は楽しかった『SASUKE』もだんだん義務感みたいなものに変わってきて。つまらない……わけじゃないんだけど、なんだか身が入らなくなってしまったときがあったんです。嫁にもよく言われましたもん。「なに？　もう『SASUKE』つまらなくなっちゃったの？」って（笑）。そうしたら乾（雅人）さん（番組総合演出）にもそういう気持ちが伝わったんでしょうね。本番3時間前に「お前、今回でダメだったら引退ね」っていきなり引退勧告があって。さすがにあれはビビりましたね。

——それが第28回大会の引退宣言につながったんですね。

山本　乾さんは僕の性格をある程度読んでいるんで。僕がスタート地点でそわそわしていたら、乾さんが真剣な顔

をしてやってきて。「もし1stステージで落ちたら引退な。すぐにマイクを渡すからな。ちゃんと答えろよ、自分の言葉でいいから」って。乾さんとしては「喝」を入れたかったんでしょうね。でも、よりによって1stステージの最後に僕の大嫌いなスピンブリッジがあったんですよ（編集部註・第27回大会で山本はスピンブリッジでリタイアしている）。勘弁してくれよと。でも、そういう苦手意識がある時点で負けていたんでしょうね。案の定スピンブリッジで落っこちて。ああ、ここで終わっちゃうんだ……と。それでインタビューを受けることになって。「引退します」と言ったら、みんなが「ええーっ」って大騒ぎになったわけですよ。いやいや、俺が一番「ええーっ」って言いたいよと（笑）。

——わずか1日で引退することが決まった。でも、そこから山本さんはカムバックしています。

山本　引退してから1ヶ月すっごく考えましたよ。迷っているのを、嫁にもすぐ気付かれて。「あんたさあ、それでいいの?」って言ってきたんです。それで……「いや、良くないです」って言ったの。

——素直になれたんですね。

山本　「俺、乾さんに電話するわ」って。それで「予選大会があると聞いたんですが、その予選から出させてもらえないでしょうか。それでダメだったら諦めます」と乾さんに言ったんです。乾さんは「進悟、それカッコいいじゃん」と応えてくれて。第29回大会は予選から参加したんです。そのとき親身になってくれたのが日置たちだったんですよ。「進悟さん、なんで予選にいるんスか！　一緒に頑張りましょう！」と言ってくれて。みんなでドキドキしながら予選に挑んだんです。実は、その予選で一番応援してくれたのが乾さんだったんですよね。「進悟いけーっ！」って声をかけてくれて。無事に予選をクリアして、本戦も1stステージをクリアできた。乾さんも、嫁も、みんな喜んでくれたんです。みんながいたから続いた『SASUKE』人生だなって思います。そのときから『SASUKE』を中途半端に投げちゃうようなことは絶対やめようって思うようになったんです。もし中途半端にやめてしまったら、全部が終わっちゃうのかなって。

ひとりではなく、みんなで挑戦する『SASUKE』に

——山本さんの『SASUKE』観が変わった瞬間ですね。

山本　僕だけでなく、『SASUKE』自体もどんどん変わっていって。最初の頃は運動神経の良さだけで結果が出るような大会だったと思うんです。でも途中からステージが難しくなってきた。『SASUKE』で結果を出すには情報を集めて研究をしないといけなくなったんです。それを、ひとりぼっちで続けていたら辛かったでしょうね。でも、そうしていたら、たまたま日置たちとつながることができて。一緒に練習ができた。もちろん結果はすぐには出ませんが、良い感じで続けることができたと思います。ひとりぼっちじゃなかったからここまで来れたんでしょうね。

——『SASUKE』の選手はライバルじゃなくて仲間なんですね。

山本　みんなそう思っていると思いますよ。『SASUKE』って相手を倒して勝ち抜くゲームじゃないんですよね。個人競技だから、一緒に挑戦する人は仲間なんです。僕もギャグで言っちゃいますけど「次のステージに進まなかったらテレビに映る時間が減っちゃうよ」って。本音を言うと、みんなそこは気にしているんですよ。そういうところは競い合ってるかもしれない（笑）。でも、その程度ですよね。選手同士の仲間意識が強いところが『SASUKE』の面白いところだと思います。あと観客のみなさんですよね。会場に来て応援してくれる人も、テレビを通じて応援してくれる人もいる。みんなの声援が自分の背中を押してくれるんだなって思います。

——第41回大会に向けて、意気込みはいかがですか。

山本　おかげさまで第40回大会は良いイメージで1stステージをクリアできました。あのときの2ndステージは……三半規管の衰えですかねえ、目が回りすぎちゃって全然立っていられなかった。あんなに目が回ったことは自分の人生でもなかったくらいです。でも、いまは良いイメージになっているので、第41回大会は3rdステージへ。それが今回の目標です。確実に1stステージをクリアして、2ndを自分のリズムでクリアして。あの3rdのステージにたどり着きたいと思っています。

——山本さんにとって『SASUKE』とは?

山本　23歳から出場して49歳でしょ。人生の半分ですからね。もう僕の人生の一部になっちゃったんで。半分が『SASUKE』人生。最初は簡単に上手くいくかなって思って調子こいた時期もありましたよ。『SASUKE』で注目を集めて、仕事もうまく行っていたし、人生は上り調子だと思っていたんです。でも、その後に『SASUKE』も仕事も一気に落ちたり、壁にぶつかったりして……。面白い人生だなって思いますよ。

SHINGO YAMAMOTO
山本進悟　1974年7月29日生まれ。東京都出身。SASUKEオールスターズ。トレーニングジム『bariante からだ改良研究所』代表。『SASUKE』第１回大会から参加。第3回大会、第7回大会でファイナリスト。SASUKE唯一の皆勤賞。

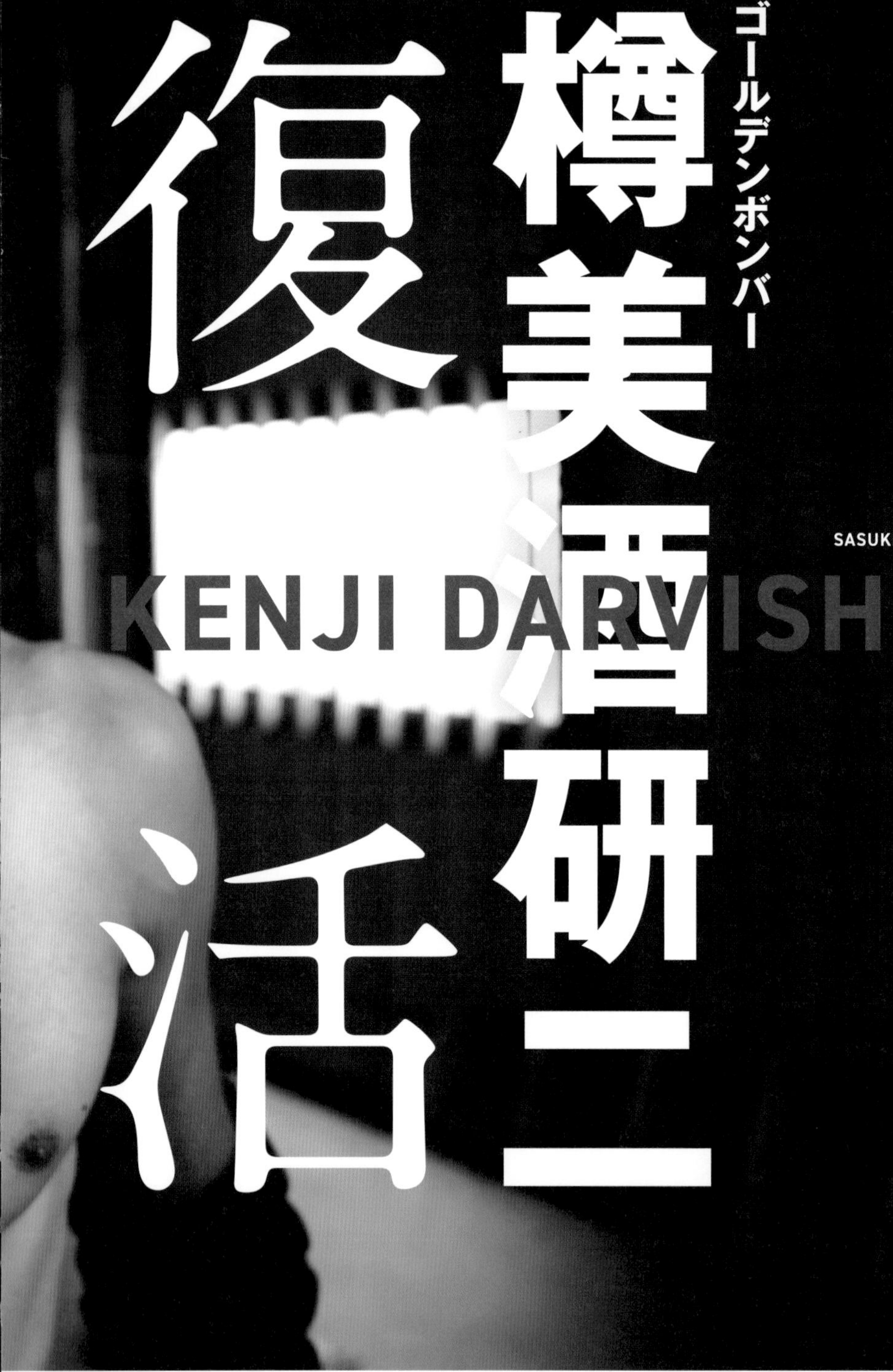

取材：清水宏幸
構成：林 和弘（編集部）
写真：松崎浩之

ゴールデンボンバー

樽美酒研二

復活

KENJI DARVISH

SASUKE *COMPETITORS* INTERVIEW

第39回大会以来、2年ぶりの出場となるゴールデンボンバー・樽美酒研二。『SASUKE』中心の生活を突如襲った「地獄」と、そこからの「生還」——。復活をかけた第41回大会に向けて特訓中の樽美酒研二をロングインタビュー。

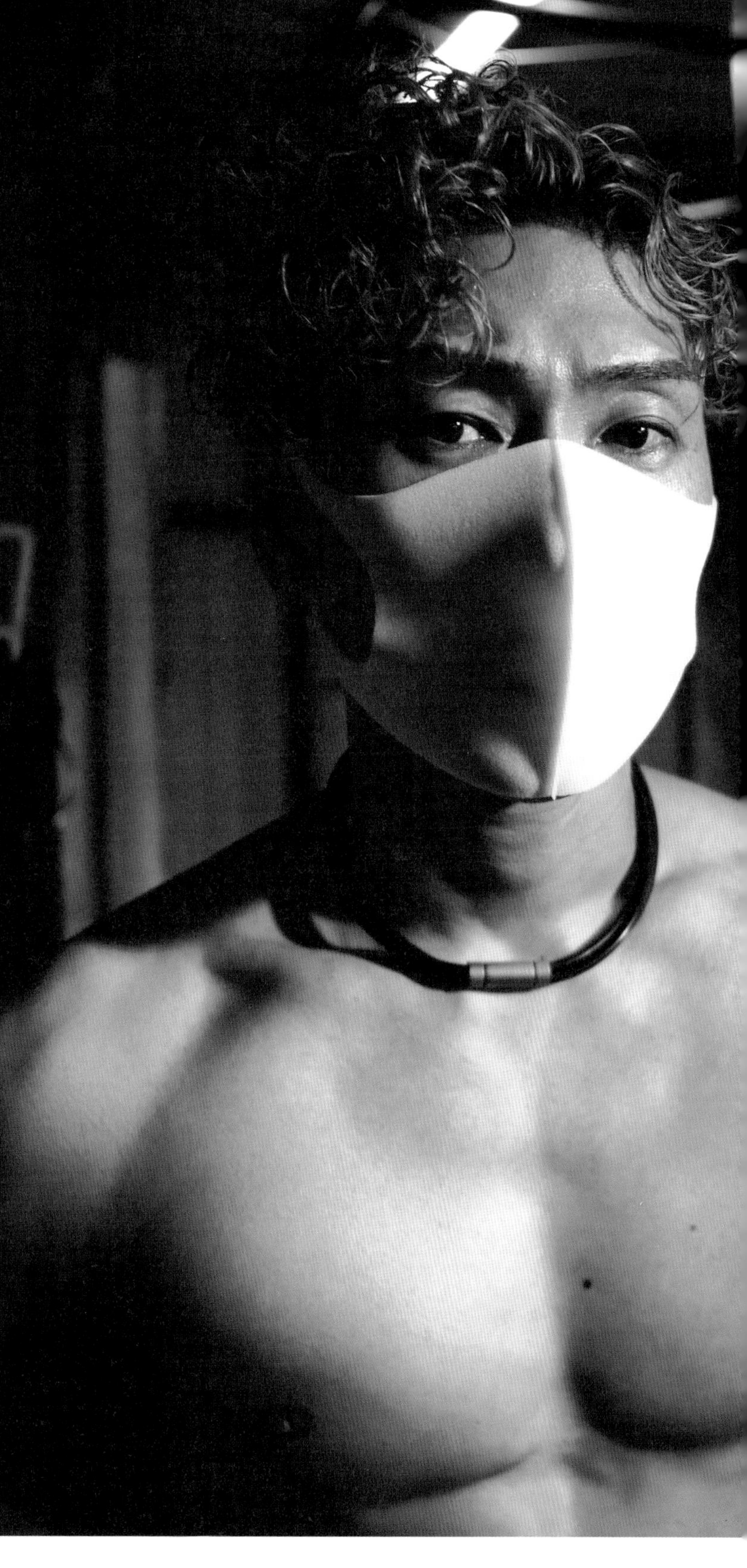

「地獄」を見た男
2年ぶりの出場へ

——お久しぶりです。

樽美酒　久しぶりですね。まだ生きていましたよ。まだ生きてた！　生きてた。死んだかと思った。

——死亡説（笑）。

樽美酒　本当に死んだかと思った。去年は本当にね、コロナにもなって。自分の前から『SASUKE』がなくなっちゃうっていう危機感でメンタルもやられて、だいぶ落ちましたね。地獄を見てきました。

——近年の樽美酒さんは『SASUKE』中心で生活されてましたよね。

樽美酒　言っておきますよ。僕はゴールデンボンバーと、あと半分が『SASUKE』なんです。このふたつはブレないです。お互いバランスを取って生きてます。

——1年に1回の自分の成果を発揮する機会がなくなったときは相当落ち込まれたのでしょうか？

樽美酒　そうですね。やっぱり『SASUKE』って出るだけが目的じゃなくて。出て結果を出すことも大事なんですけど、それまでに何を準備してきたか。どんな武器を持ってあそこへ行くかっていうのを1年間作り上げるのが、僕の中の『SASUKE』で。もしトレーニングできていない状況で『SASUKE』に出たとしても、それは、もう『SASUKE』じゃないんです。

——出場できなかったことじゃなくて、『SASUKE』に向けたトレーニングができなくなったことが、樽美酒さんにとって相当なショックだったんですね。

樽美酒　数年間ずっと続けてたので。突然バランスが崩れちゃうと「ここも対応できてないんだな」っていう。自分の弱さに気付くこともできましたし、いい経験でしたよ。本当、生きてるのが苦しかったですからね。生きてるだけで。

——「まだ生きてた！」っていうのは嘘じゃないんですね。

樽美酒　そうですね。当時のことを考えると、いまはすごく幸せです。

一度離れて「なんで俺、逃げてるんだろう」と思った。

——どれくらいから「もう一度できるじゃん」となったんですか?

樽美酒　去年の『SASUKE』のオンエアが終わって、1ヶ月後くらいだったかな。その頃から突然スイッチが切り替わって、普通に身体が動くようになって。

——いつも通りにできるように。

樽美酒　そこから徐々に戻していって。やっぱり僕も今年43歳なので、1回落としちゃうと戻らない。ものすごく時間がかかるんですよ。元いた位置に戻るまで結構時間がかかりましたね。そこで苦労しました。

——いまは入り混じってますか? 不安というか、ドキドキと楽しみが。

樽美酒　行ったり来たりしてますね。『SASUKE』楽しいってみんな言ってるじゃないですか? 『SASUKE』は苦しい。メチャクチャ苦しい。そんなハッピーなものじゃない。なんちゅーもんを作ったんだ、本当に。本当にもう、大っ嫌い。大っ嫌いなんだけど……大好き(笑)。悔しいけど好き。気持ち悪いな、俺。

——『SASUKE』のことを「好き」と言った時点で大丈夫ですよ(笑)。

樽美酒　『SASUKE』を超える女はいない!(笑)

このままだったら逃げる人生になる

——改めてお聞きしたいのですが、そもそも樽美酒さんが『SASUKE』を知ったきっかけは何だったんですか?

樽美酒　やっぱりテレビでずっとオンエアを子どもの頃から見ていて。その頃から憧れがずっとありましたね。いまみたいな仕事に携われるようになって、「ひょっとしたら出られるんじゃないかな」っていうことで目指すこともできましたし。

——小さい頃から見ていらして、何となく頭の片隅にあったということですね。面白そうだなっていう。

樽美酒　そうですね。出てみたいなっていうのは、ずっとありました。

——ちなみに、見ていた中で、印象的なシーンや覚えているシーンは何かありますか?

樽美酒　やっぱり長野さん、山田さんっていうのは、すごくキラキラ輝いてたなって思いますよ。活躍する姿を見てカッコいいなって、ずっと憧れてましたよね。人物に憧れていたから、逆に『SASUKE』っていうか、エリアにはあんまり興味がなかったかな。

―人目線というのは珍しいですね。「この人すごいな」という感じで見られていたんですね。

樽美酒　伝説の方々って軽くクリアしていくじゃないですか。誰でもできるような雰囲気を出しながら。だから勘違いしちゃうんですよね、一般ピーポーは（笑）。その類でした。

――長野さんが軽々クリアしていくのを見て「俺もできるんじゃないか」と。

樽美酒　できるできる、みたいな（笑）。「完全制覇、全然行けんじゃん」と。

――2012年の第28回大会で初めて『SASUKE』に出場されましたが、実際に挑戦して、初めてわかったことっていうのはありましたか？

樽美酒　もう「俺なら全然行けるっしょ」ってテンションで会場に行っちゃったんですよ。1stステージをクリアするイメージはできてたんです。「活躍するぞ！」『女々しくて』も売れてるし、『SASUKE』でも有名になってやる！」みたいなね（笑）。そうしたらローリングエスカルゴで、ものの見事に吹っ飛ばされて。なんで落ちたかわからなかったんですよ。あんなに回されて振り落とされるっていうのって、人生で経験できないですから。だから、なんで落ちたのかわからなくて。

――じゃあ、あの池から上がってくるときは「なんで？」っていう。

樽美酒　「どういうこと？」みたいな。

――そこから樽美酒さんは『SASUKE』に出場されることになりますが、「また挑戦してやろう」と思わせる『SASUKE』のどんなところに惹きつけられたんですか？

樽美酒　最初に吹っ飛ばされて、次の大会には出なかったのかな？　それくらい、ちょっと「もういいや」ってなったんですけど、一度離れてみて「なんで俺、逃げてるんだろう」って思ったんですよ。オンエアを見て気付きましたね。『SASUKE』は毎回、実力者でも最初のほうで落ちちゃったりするじゃないですか。でも負けずに次の回で立ち向かっていく姿を見てると「俺はなんで逃げてるんだろう」って。何か情けなく感じてきて「ダメだ」「俺、このままだったら逃げる人生になるぞ」っていうのを、すごく感じて。そこから独学で『SASUKE』の勉強とか動き方、それに見合ったトレーニングとかを独自にやり始めたんですよ。それでドンドン強くなっていく感覚が見えてきて、そこから「もう1回試してみたいな」って。そこからは連続出場。

――最初「出たいな」と思って出られたのに離れてしまったのは、自分にとっては「逃げてる」という感じになったわけですね。

樽美酒　何やらかんやら言い訳してるんですよね、自分の中で。言い訳してるんだけど、結局それって「逃げてるよな」って結論に達しちゃって。

僕はまだ、ちょっと先に行きたい

――樽美酒さんは2018年に初めて3rdステージに進出されました。そこまで結構時間がかかったと思いますが、諦めないで挑戦できた理由は、いま思うと何だったと思いますか？

樽美酒　『SASUKE』って終わりがないんですよ。クリアしてもリタイアしても終わりがなくて、出場し始めたら終わりがない。毎回毎回トレーニングして「これは行けるでしょ」っていう状況を作り上げていくんですけど、全然思ったように行かない。毎回負けてる。そこで諦めて、普通にのんびり暮せばいいのに、そこで辞めようとしたら、また「負けたまま終わっていいのか？」って自分が出て来るんですよ。それで気付いたらトレーニングをやっているっていう積み重ね。それが、たまたま3rdに結びついた。

――あのとき2ndステージをギリギリでクリアされて「やりゃあできるんだよ！　頑張ろう！」っていう名シーンが生まれましたけど、このときのことを振り返って、どんな思い出がありますか？

樽美酒　キツかったなあ、2ndステージ。本当にキツすぎて、記憶があまり残ってないんですよね。特に最後のウォールリフティングとか、1枚目上げて2枚目上げようとしたとき、自分の体力が急激に落ちていくのがわかったんですよ。全身が急に鉛みたいになって3枚目とか、もう指に力が入らなくて。そのとき身体を全部使って持ち上げたんですけど、そのとき無呼吸だったんですよ。『SASUKE』って呼吸が大事じゃないですか。最後にクリアするぞって気持ちが強すぎて、最後の最後で無呼吸になっちゃって。体力ゲージがギューっと下がって身体に乳酸が溜まりまくりで、この後もう1枚あったら気絶してましたね。それくらいの状態。

――完全な酸欠状態。

樽美酒　それで3rdに行ったんですけど、本当に、あの感覚は嬉しかったな。もう1回味わいたいですね。でも3rdのときは何も残っていなかったです。集中力も何も。『SASUKE』の3rdステージに立って、あのセットを見たとき、嬉しいけど「無理だな」って思ったんですよ。階段を登って、フライングバーの地面がない先を見たときに「無理だな」って。あのとき半

笑いなんですけど、出ちゃってるんです、心の声が。「無理だな」って。それくらい、あそこの場所ってちゃんと想像してなかったんです。練習もしてなかったし。だから、もう、フリチンの状態ですよ（笑）。真っ裸で3rdに行っちゃった。

――でも、次に3rd行けたら、今度は真っ裸じゃないわけですからね。

樽美酒　そうですね、全然しっかり。

――フンドシ締めてる状態なわけですよね。

樽美酒　Tバックかな（笑）。フンドシまでは、まだ行ってない。だって、まだ経験してないものが出てきちゃってるから。プラネットブリッジだったものがスイングエッジになってるわけじゃないですか。実際あれを練習してますけど、すごく難しい。その後に憧れのクリフディメンションが待ってるわけですよね。身体がフレッシュな状態でもクリフ難しいのに、体力が削られてあそこに行って「俺はどうなるんだ？」っていう。そこに立ったら結局、また真っ裸になってるわけじゃないですか。ビリビリに破れて気付いたら真っ裸だっていう。

――真っ裸でクリフ挑戦、いいじゃないですか。

樽美酒　本当ですよね。でも、前に3rdまで行ったってことは、もう忘れてください。そんなね、強かった時期を自慢げに言ってしまうと、僕って弱くなるんですよ。だから絶対、過去の栄光的な感じで語りたくなくて。忘れてください。僕は、いま雑魚なんですよ、雑魚。1stも全然クリアできない、ただのおじさん。ただの白い顔したお化け（笑）。

――雑魚チャレンジャーという認識をされてるんですね（笑）。

樽美酒　面白いことがあって、ずっと『SASUKE』に出ていた中で、一番成長しなかった時期っていうのが3rdステージに挑戦した次の年なんですよ。全然成長してなかった。たぶん調子に乗ってたんでしょうね。それはすごく記憶に残っていて、それも『SASUKE』に教えてもらったことですよ。だから、そこの部分っていうのは、忘れるようにしています。

――過去の結果としてあるだけだと。

樽美酒　僕はまだ、ちょっと先に行きたいんですよ。やっぱり年齢的にもキ

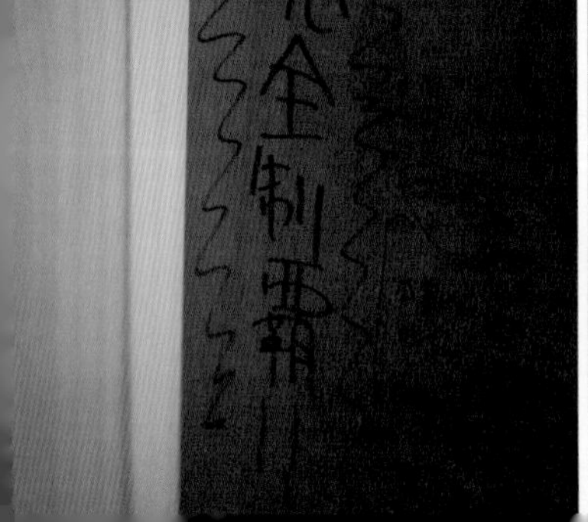

ツくなってきたけど、どうしても完全制覇っていうものは消えないんです。僕の中で「完全制覇できないな」「無理だな」って思ったら『ＳＡＳＵＫＥ』を辞めます。ダラダラとはやらないです。だから、もっと先を見て行かないといけなくて。

――完全制覇できると思っているから、いまも続けていらっしゃるんですね。

樽美酒　はい、そうです。でも、同時に先は長くないなっていうのも、すごく感じます。もう時間がないなって。『ＳＡＳＵＫＥ』をやってる樽美酒研二は、もう少しで死にます。これは全然ネガティブな言葉じゃなくて、それを感じられるからこそ、時間を本当に有効活用できるようになってくるんです。だから、いまは本当に1日1日がすごく大切なんです。

もう一度 あのゴールからの景色を

――第41回大会は2年ぶりの出場になります。改めて、意気込みを聞かせていただけますか。

樽美酒　本当に、いままで『ＳＡＳＵＫＥ』をやってきた中で一番苦しい大会になると思います。自分の身体が思うように動かない大会だと思っています。でも、ちゃんとやってきた。だから、ひとつひとつ本当に丁寧に、あまり先は見すぎず、ひとつひとつ丁寧に対応していって、とにかく1ｓｔステージをクリアして、あのゴール地点からの景色をもう一度見たいです。

――まずは1ｓｔステージってことですね。

樽美酒　1ｓｔステージ。その先は見ません、まだ。

――では、最後の質問になります。いまの樽美酒さんにとって『ＳＡＳＵＫＥ』とは何ですか？

樽美酒　いまの僕にとって『ＳＡＳＵＫＥ』とは「婚約者」。

――ご結婚を約束されてるんですね。

樽美酒　……いや、一方的だな、たぶん。妄想だけかな？　まだ届いてないですね、全然。

――お相手にはまだ。

樽美酒　届いてないと思う。

――でも、樽美酒さん的には「婚約してるんだぞ」っていう思いがあるんですね。

樽美酒　確か指輪は渡したと思うんですよ。間違ってたらすみません（笑）。

「完全制覇できないな」と思ったら 僕は『ＳＡＳＵＫＥ』を辞めます。

KENJI DARVISH

樽美酒研二　1980年11月28日生まれ。福岡県出身。ヴィジュアル系エアーバンド「ゴールデンボンバー」ドラム担当。2012年の第28回大会で『SASUKE』初出場。第30回大会より10大会連続出場するも昨年は欠場。第41回大会で待望の復活なるか――？

SASUKE 41st COMPETITION EXPECTED PLAYERS

SASUKE第41回大会 期待の選手紹介

いよいよ目前に迫った『SASUKE』第41回大会、
この中に、まだ見ぬ完全制覇者がいるかもしれない!?その注目選手９名をご紹介!!

天才中学生が新たな歴史を作る!!

山田軍団【黒虎】中学３年生

中島結太(ゆうた)

山田さんからいただいたタイヤを押して、最年少ファイナリストになりたいです

去年『SASUKE』に初めて出場して学校の先生や生徒、違う学校の人からも知っていただいて、すごい嬉しかったです。今年は懸垂を100回、それから山田さんにおねだりをして新年早々にいただいたタイヤを毎日押してきました。山田さんからは「結太だったらできる。自信を持ってやって」と言われています。目標は1stステージを超えたいですけど、その後の2nd、3rd、FINALもいっぱい特訓してきたので、最年少ファイナリストになりたいです。

2008年４月３日生まれ。兵庫県出身。昨年、第40回大会で衝撃的なデビューを果たした中学３年生。山田軍団【黒虎】所属。

いま最注目のアーティスト初登場!!

最初で最後なんじゃないかなって思うくらい楽しみ

普通に生きてたら『SASUKE』に出ることはありえないだろうなって思うので楽しみです。最初で最後なんじゃないかなって思うくらい。今回、大嶋(あやの)さんにいろいろコツを教わって、親身になって教えてくださったので、それは当日しっかり覚えて、頑張りたいなって思います。大嶋さんと一緒にやったフィッシュボーンは楽しいから、もう1回やりたいな(笑)。1年に一度のお祭りなので、自分も参加できることを誇りに、楽しみたいと思います。

9月4日生まれ。愛称は「あのちゃん」。2023年上半期ブレイクタレントランキング1位、いま最も注目のアーティスト。

アーティスト

あの

乃木坂が誇るスポーツ万能女子!!

乃木坂46

佐藤 楓

いろいろな人の想いを背負って、私も頑張りたい

一昨年に初めて出場して、すごく楽しかったんです。みなさんの一体感とか、声のかけあいとか、テレビの前では感じられない空気だったのが新鮮でした。今年の目標は前回を超えることですし、ドラゴングライダーを絶対掴みたい。何より私は今年、予選会に行って、あんなに多くの人が貴重な枠を争っているのを間近で見て、私の貴重な枠を無駄にできないなって思ったんです。だから、いろいろな人の想いを背負って、私も頑張りたいなって思います。

1998年3月23日生まれ。愛知県出身。「乃木坂46」3期生。過去2回『SASUKE』に出場、今年は予選会に応援ゲストとして参加。

ISKA世界ライト級王者

武尊

現世界チャンピオンリベンジなるか!?

格闘技の代表として、チャンピオンベルトを持って挑戦したい

格闘技と違って『SASUKE』はスリップでも倒れたら負けという緊張感があって、この時期は毎回緊張しますね。今年6月の復帰戦で勝って、また世界チャンピオンに返り咲けたということは、まだ自分には『SASUKE』に出る資格があるだろうと思ったんです。格闘技の代表として出るんだったら、ちゃんと世界チャンピオンのベルトを持って出たかった。今回はこの前とった新しいチャンピオンベルトを持って新しい『SASUKE』に行こうかなって思っています。

1991年7月29日生まれ。鳥取県出身。現ISKA世界ライト級王者。過去7回出場、2ndステージに2回進出している強者。

WBC元日本代表

松田宣浩

元WBC戦士夢の舞台・緑山に立つ!!

現役時代から出たかった『SASUKE』、今日はパパとして頑張ります

現役のときから出たくて、何度もオファーをいただいていたんですけど、さすがに現役のときはお断りしていたんです。今年はユニフォームを脱いで『SASUKE』に出させていただくということで、本当に夢のように楽しみです。昔から『SASUKE』のファンでもありましたし、家族揃って見てます。特にふたりの子どもたちは、いつも『SASUKE』を見ているので、今日はパパとして頑張りたいと思います。初めて出させていただく『SASUKE』なので、熱男魂全開で頑張ります。熱男〜!

1983年5月17日生まれ。滋賀県出身。今季現役を引退した日本プロ野球界のレジェンド。趣味は「SASUKEを見ること」。

アメリカ最強の刺客 狙うは日米完全制覇!!

完全制覇者の
プライドに囚われず、
挑戦者として臨みたい

2023年アメリカでの『NINJA WARRIOR』完全制覇は私にとって夢のような出来事でした。何年もハードワークを続け、血と汗と涙を流して勝ち取ることができたものです。私たちNINJA athletesにとって、日本の『SASUKE』は原点です。アメリカの『NINJA WARRIOR』よりも難度は高い。目標はできるだけ多くのエリアとステージを突破すること。アメリカの完全制覇者というプライドに囚われず、挑戦者として緑山のFINALステージを目指したいです。

1993年5月14日生まれ。アメリカ出身。『アメリカン・ニンジャ・ウォリアー』史上4人目となる完全制覇者。

アメリカ NINJA WARRIOR完全制覇

ダニエル・ギル

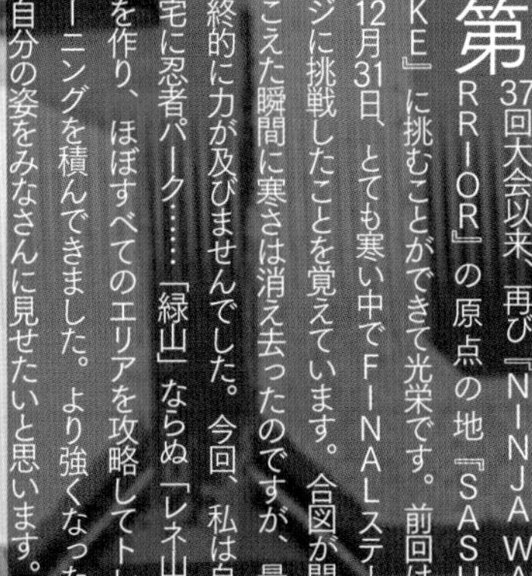

ドイツ最強の男 リベンジに燃える!

第37回以来、
より強くなった姿を
みなさんにお見せします

第37回大会以来、再び『NINJA WARRIOR』の原点の地『SASUKE』に挑むことができて光栄です。前回は12月31日、とても寒い中でFINALステージに挑戦したことを覚えています。合図が聞こえた瞬間に寒さは消え去ったのですが、最終的に力が及びませんでした。今回、私は自宅に忍者パーク……「緑山」ならぬ「レネ山」を作り、ほぼすべてのエリアを攻略してトレーニングを積んできました。より強くなった自分の姿をみなさんに見せたいと思います。

1996年9月6日生まれ。ドイツ出身。2021年『ニンジャ・ウォリアー・ジャーマニー』で完全制覇を達成した。

ドイツ NINJA WARRIOR完全制覇

レネ・キャスリー

東京大学 vs 京都大学 SASUKEサークルの熱き戦い

最強の文武両道が東大であることを証明します！

東大SASUKEサークル
清水木楠

東大SASUKEサークルの活動は去年の9月から始まりました。いまメンバーは25人くらいいて、トレーニングをするチームとクイズチームがあります。トレーニングチームは公園の遊具を『SASUKE』のセットに見立てて練習。クイズチームはオンラインで集まって『SASUKE』のクイズだったりゲームをみんなでやっています。今回、本気で1stをクリアするための練習をしているので、攻めていきます。そして、東大が最強の文武両道であることを証明します！

1998年8月21日生まれ。北海道出身。今年7月に東大SASUKEサークルに加入。ボルダリングを極めて1stクリアを狙う。

VS

京大SASUKEサークル
山下裕太

"SASUKE"への愛を示すため、"SASUKE"と書いたふんどしで挑みます

京大SASUKEサークルは2018年に設立されたんですけど、いまは社会人2年目でOBという形で参加しています。目標は1stステージのクリアで、自信はあります。このためにイメトレとか仕上げてきたので。不安要素があるとすれば新エリア、あとは当日の天気や気温ですね。でも、それを踏まえても、自信はあります。当日は『SASUKE』への愛を一番わかりやすく示すため、ドーンと"SASUKE"と書いたふんどしをつけて挑みます。

1997年6月17日生まれ。奈良県出身。OBとして京大SASUKEサークルを引っ張る。鍛えた肉体とふんどしが目印。

SASUKE甲子園 SPECIAL REPORT

文／志田英邦

SASUKE 2023 最終予選会

今年初めて開催された『SASUKE甲子園』。
高校生３人が１チームとなり、
優勝校には『SASUKE』第41回大会の出場権が
チーム全員に与えられる注目の大会をレポート!!

高校球児のあこがれの聖地が阪神甲子園球場だとしたら、『SASUKE』を目指す高校生たちのあこがれの場は聖地・緑山スタジオ。そこに本戦出場を夢見る高校生たちが集った。ここから新しいスターが誕生する！

全国の高校から応募があった中、厳正な審査の末選ばれたのは青山学院、木更津総合、神奈川県立大和東、東京都立小山台、群馬太田市立太田、静岡県立天竜、宮城県名取、海城の全8校。山田勝己、漆原裕治、日置将士、

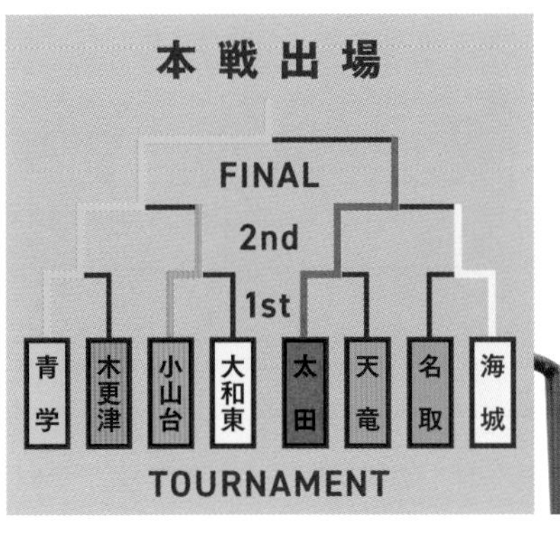

森本裕介といったSASUKEレジェンドたちが見守る中、幼い頃から『SASUKE』を追いかけてきた彼らが己のすべてをかけて激突する。

1回戦は学校対抗でのリレー対決。高校生たちはふたり一組になって手押し車、おんぶ、うんてい、タイヤ押しでリレーしていく。時間が早い4チームが勝ち抜き。選手たちは家族やクラスメイト、先生たちの歓声が飛びかう中、体力の限界まで走り続ける。大和東や「SASUKE同好会」のある木更津総合が惜しくも敗退。「来年も『SASUKE甲子園』があれば必ずリベンジしたい」と悔し涙に濡れた。タイムトップは海城。チームリーダーの吉田心地くんのすさまじい身体能力でライバル校をぶっちぎった。

2回戦は我慢比べ。鉄棒ぶら下がり、腹筋、ジャンプをどれだけ長くできるかを学校対抗で競い合う。最初に鉄棒にぶら下がったのは青山学院のチームリーダー・馬渕広夢。小学1年生の頃から『SASUKE』本戦出場の夢を抱いていた彼は、SASUKE常連選手たちからサインを書いてもらったTシャツを着て鉄棒に挑む。対するは毎日懸垂100回をこなしているという小山台のリーダー竹尾優汰。鉄棒から落ちたら池に落水となる。意地と意地がぶつかる対決は……絶対にシャツを汚したくないという一念が強かったのか、馬渕が勝利をもぎり取った。

決勝戦は『SASUKE』本戦の1stステージを使ったタイムアタック。決勝戦まで勝ち残った青山学院と市立太田の選手全員が「クワッドステップス」「ローリングヒル」「フィッシュボーン」「そり立つ壁」に挑み、一番タイムの早い選手がいるチームが勝利となる。「狙うのは最速だけなんで、チーム全員最速で圧勝します!」と市立太田が不敵な発言で挑発すれば、「人生最大のチャンス」「このチャンスを逃さない男になりたい」と青山学院は覚悟を見せる。だが、決勝戦のプレッシャーは大きかった。選手たちは「ローリングヒル」「フィッシュボーン」で次々とリタイア。残るは6人目の青山学院・馬渕のみとなった。

そして馬渕は「フィッシュボーン」までハイペースで進み、そして「そり立つ壁」を一度目のアタックでクリア!

タイムは41秒52!聖地・緑山に馬渕の咆哮が響きわたった——。

『SASUKE』本戦への出場権を勝ち取ったのは青山学院。フレッシュな彼らがどんな波乱を巻き起こすか?緑山に青山の風が吹き荒れる!

優勝した青山学院、左から馬渕広夢くん、晝間幹世くん、長尾燿くん

第2ステージ
サバイバルシャトルラン

第1ステージ
エンドレス腕立て伏せ

SASUKE 2023
最終予選会

肉体自慢の男女500人が緑山に集結!!
本戦へ最後の出場枠をかけて行われた
第41回大会最終予選会の模様をレポート!!
究極のサバイバルバトルを制したのは誰だ!?

SASUKE2023 最終予選会 開催:2023年10月7日

和太鼓の音が緑山の青空に鳴り響く。「いーち、にー、さーん……」、SASUKE常連選手が叩く太鼓の音に合わせてカウントが読みあげられ、挑戦者たちが一斉に腕立て伏せを始めた。『SASUKE』第41回大会の最終予選会はTBS緑山スタジオで行われた。書類審査で選ばれた500人の選手たちはマッチョな男性、ヒーローのコスプレをした男性、応援団姿の男性、中学生、女性と多種多様。彼らの中で本戦に進むことができるのは成績上位者の3人。0.6%の座を競う過酷なサバイバルレースが繰り広げられる。

最初の種目はエンドレス腕立て伏せ。叩かれる太鼓の音に合わせて10人ずつ50組に分かれた選手たちが腕立て伏せを続ける。ルールはシンプル、各組で腕立て伏せを一番多くできた2名が勝ち残る。中には、なんと265回も腕立て伏せをした組が出るという、かなり厳しい戦いが行われた。

2つ目の競技はサバイバルシャトルラン。この時点で残る挑戦者は100人。各組20人の選手が約80メートルを走り、最下位になった選手はアウト。その後30秒間のインターバルを挟み、また走る。それを繰り返して、各組残った8人が次の競技に進めるというルール。ここで中学生女子の選手が脱落。会場から健闘を称える拍手が贈られていた。

3つ目の競技は重量5トンのマイクロバス引き。ふたりの選手が、それぞれロープが付いているバスを引いて、ゴールまで先にたどり着いたほうが勝利。バスはただパワーだけで動かせるわけではない。バスを突き動かす瞬発力や勢いが必要とされている。

この3つの競技で勝ち抜いた選手たち22人は4つ目の競技、ビーチフラッグスで勝負。1対1で対決し、勝ち残った選手がラストステージへ進む。そしてラストステージでは『SASUKE』本戦の1stステージのセットを使用。11人の選手によるタイムアタックが行われた。朝から4種目をこなしてきた選手たちには疲労もあったはずだが、最後の力を振り絞ってフラッグに手を伸ばした。そして、3人の選手が本戦への出場権を獲得した。

3人は「最終予選会に参加した500人の思いを背負って本戦に臨みたいと思います！」とコメント。会場に残っていた選手たちは、出場権を獲得した3人に惜しみない拍手を贈った。ここから新しい物語が始まる。予選から勝ち上がった選手たちが本戦でどんな活躍をするのか楽しみだ。

見事に本戦出場を決めた中村晴さん（第3位／左）、チャッピーたくみさん（第2位／右）、相馬巧太郎さん（第1位／真ん中）

SASUKE第41回大会
出場全選手紹介

聖地・緑山に集結した100名の猛者たち――。
2023年の『SASUKE』第41回大会に出場するゼッケン1番から100番、
全選手を一挙にご紹介!!

❶出身地 ❷身長 ❸出場回数 ❹憧れの選手 ❺第41回大会への意気込み ★:完全制覇年

1 赤羽健壱 キングオブコント2023王者 サルゴリラ

❶東京都 ❷170cm ❸初 ❹山田勝己 ❺初参戦、初制覇、SASUKE頑張ります！

2 鳥澤克秀 ウエイトリフティング元日本代表

❶埼玉県❷165cm ❸23回 ❹鈴木祐輔 ❺今回はローリングヒル下りをクリアし、飛び越え次のステージへチャレンジします！

3 フワちゃん YouTuber

❶東京都 ❷161cm ❸3回 ❹山田勝己 ❺今年は山田に頼らない！ 自力でフィッシュボーンを越えてその先の高みへ、完全制覇頑張るぞ～！

4 佐藤楓 乃木坂46

❶愛知県 ❷161cm ❸3回 ❺去年の悔しさを晴らしにきました。去年の自分を超えられるように、自分に勝つことができるように頑張りたいと思います！

5 東村芽依 日向坂46

❶奈良県 ❷154cm ❸3回 ❺去年を超えられるように頑張ります！

6 Aki 横浜DeNAチア「diana」

❷158cm ❸初 ❹山田勝己 ❺SASUKEに出させていただいてることを光栄に思いながら、感謝の気持ちも込めて、いつも通り全力で頑張りたいと思います！

7 塚田涼太 青果店 店長

❶東京都❷175cm ❸初 ❹日置将士 ❺SASUKEのスターになるのは八百屋だぁ！

8 エディ勇人 ファイヤーナイフダンサー

❶福島県 ❷169cm ❸初 ❹山田勝己 ❺1stステージをクリアして、ファイヤーナイフダンサーの力を見せつけます！

9 多賀悠斐 掛川花鳥園 主任

❶大阪府 ❷173cm ❸初 ❹漆原裕治 ❺まだ成長の途中、目指すは史上最強の飼育員！ 飛べ！ 俺!!

10 ボル兄さん かべの妖精

❶壁界 ❷175cm ❸初 ❹川口朋広、森本裕介、山田勝己 ❺妹の仇をとって、そり立つ壁さんに挨拶するぜ！

15 清水木楠 東大SASUKEサークル
❶北海道 ❷169cm ❸2回 ❹長野誠 ❺必ず1stステージをクリアし、"最強の文武両道"を証明します！

14 吉田孝太 海上自衛隊 潜水艦乗員
❶静岡県 ❷182cm ❸初 ❹漆原裕治 ❺10年以上出たいと思っていたSASUKEにやっと出場することができて凄く嬉しいです。海上自衛隊を代表して最高のパフォーマンスを披露できたらと思います。

13 相原竜太郎 JR東海 新幹線運転士
❶神奈川県 ❷167cm ❸初 ❹山本進悟、岩本照 ❺夢にまで見たSASUKE！まずは1stステージ必ず攻略します！

12 八条院蔵人 ダンス 世界大会優勝
❶京都府 ❷178cm ❸初 ❹佐藤惇 ❺落ち着いて、力まず集中して、1stステージ絶対クリアします！

11 野田クリスタル マヂカルラブリー
❶神奈川県 ❷178cm ❸2回 ❹ワッキー ❺ローリングヒル待ってろよ！

20 小川桜花 Girls²
❶宮崎県 ❷170cm ❸初 ❹森本裕介 ❺メンバーが応援に来てくれているので、カッコイイ姿を見せつけます！

19 ウナギ・サヤカ 女子プロレスラー
❶大阪府 ❷168cm ❸初 ❹なかやまきんに君 ❺プロレスラーとして気合いを見せるしかない。完全制覇するのはウナギ・サヤカでしょ！

18 本間隆史 バンダイSASUKE部
❶千葉県 ❷175cm ❸7回 ❹新世代の選手 ❺第38回大会の悔しさを忘れられません。今回こそトランポリン飛びます！

17 西田圭志 東大卒 離島の漁師
❶広島県 ❷163cm ❸初 ❹長野誠 ❺活躍して三宅島や漁業のことに興味を持ってもらいたいです！

16 山下裕太 京大SASUKEサークル
❶奈良県 ❷171cm ❸2回 ❹山田勝己 ❺朗らかに緊褌一番でSASUKEを盛り上げようと思います！

25 梶原英俊 さがみ湖リゾート プレジャーフォレスト新社長
❶山梨県 ❷175cm ❸初 ❹森本裕介 ❺ボート競技で鍛えた体力と富士山パワーでまずは1st ステージクリアを目指します！

24 野中瑠馬 木こり
❶北海道 ❷172cm ❸初 ❹梶原 颯 ❺山仕事・野生で培われる肉体が、SASUKEに通用する事を示したい！

23 大槻拓也 BUDDiiS
❶東京都 ❷175cm ❸初 ❹長野誠 ❺長年待ち続けた夢舞台なので、今回チャンスを掴んで、まず1stステージをクリアできるように頑張ります！

22 松島みのん タッチラグビー日本代表候補
❶山梨県 ❷164cm ❸初 ❹大嶋あやの ❺まずは1stステージクリアを目標に頑張りたいと思っています。

21 KAREN CYBERJAPAN DANCERS
❶埼玉県 ❷167cm ❸8回 ❹大嶋あやの ❺いい結果を見せれるように頑張ります！

30 石川智章 ラーメンみそ漢 オーナー
❶宮城県 ❷176cm ❸初 ❹長野誠 ❺目標は完全制覇ですが、皆さんに元気と笑顔を届けたいです。

29 佐藤大将 家電メーカー会社員YouTuber
❶大阪府 ❷169cm ❸初 ❹森本裕介 ❺ライソン佐藤、頑張れ！

28 今澤徹男 アパレル会社経営
❶山梨県 ❷175cm ❸初 ❹長野誠、佐藤惇 ❺アフリカの部族から学んだ身体能力を生かして頑張ります！

27 伊与田選輝 高知県 高校教師
❶高知県 ❷177cm ❸初 ❹鈴木祐輔 ❺夢の舞台を全力で楽しみます！ 絶対にクリアして地元を盛り上げます！

26 須藤翼 産業廃棄物処理業者
❶神奈川県 ❷161cm ❸初 ❹長野誠 ❺建設業初の完全制覇を目指し、皆様に須藤のSASUKEをお見せします。

35 長尾櫂 SASUKE甲子園 優勝校
❶神奈川県 ❷174cm ❸初 ❺絶対1stステージクリアするので、見ててください！

34 晝間幹世 SASUKE甲子園 優勝校
❶神奈川県 ❷170cm ❸初 ❹山田勝己 ❺SASUKE甲子園組として恥じぬよう落ちる時はかっこいい落ち方したいと思います。

33 馬渕広夢 SASUKE甲子園 優勝校
❶千葉県 ❷169cm ❸初 ❹菅野仁志 ❺SASUKE Z世代の新しい風を吹かせます！ 見てください！

32 猪股蓮 SASUKE実況完コピ高校生
❶東京都 ❷168cm ❸初 ❹森本裕介 ❺やっと掴んだ出場権、自分の全てをぶつけるSASUKEにしたいです！

31 石塚侑大 救急救命医
❶神奈川県 ❷170cm ❸初 ❹川口朋広 ❺SASUKEを医学する。

40 西野創人 コロコロチキチキペッパーズ
❶大阪府 ❷170cm ❸初 ❹長野誠 ❺初の1stステージクリア目指します！ いっちゃって！

39 真田理希 プロキックボクサー
❶大阪府 ❷180cm ❸初 ❹森本裕介 ❺自分の身体能力と可能性を信じて、一つ一つクリアしていきたいと思います。

38 相馬巧太郎 最終予選会 1位
❶長野県 ❷168cm ❸2回 ❹長野誠 ❺SASUKEのニューヒーロー目指して頑張ります！

37 チャッピーたくみ 最終予選会 2位
❶京都府 ❷160cm ❸初 ❹漆原裕治、梶原颯 ❺絶対3rdステージまでいって、予選会のパワーを示したいと思います。チャッピーモンスター！

36 中村晴 最終予選会 3位
❶東京都 ❷177cm ❸初 ❹又地諒、川口朋広、朝一眞 ❺証券マン代表として青天井の如くどこまでも突き進みたいと思います。

41 長野塊王（父は長野誠 中学2年生）
❶宮崎県 ❷167cm ❸2回 ❹長野誠 ❺親子で1stステージクリアして、最年少、最年長記録を残したいです。

42 中島結太（山田軍団【黒虎】中学3年生）
❶兵庫県 ❷158cm ❸2回 ❹山田勝己 ❺最年少1stステージクリア、そしてその先を目指して、出し切ります！

43 高須賀隼（山田軍団【黒虎】）
❶兵庫県 ❷176cm ❸2回 ❹山本良幸、山田勝己団長 ❺まずは1stステージを突破してリベンジを成功させ、FINALに行けるよう頑張ります。

44 梶原颯（筋肉俳優）
❶兵庫県 ❷177cm ❸4回 ❹佐藤惇 ❺SASUKE、颯のごとくでFINALまで駆け抜けます！

45 山葵（和楽器バンド）
❶中国遼寧省 ❷176cm ❸3回 ❹長野誠 ❺必ず1stステージクリアします。

46 おばたのお兄さん（芸人）
❶新潟県 ❷165cm ❸3回 ❹ケイン・コスギ、長野誠 ❺絶対に新エリアもクリアします。1stステージクリアしま～きの！

47 お見送り芸人しんいち（R-1グランプリ2022王者）
❶大阪府 ❷175cm ❸初 ❹山田勝己 ❺1stステージは最低限、通過点、クリアしたいと思います！ 頑張ります！

48 DJ銀太（RepezenFoxx）
❶福岡県 ❷171cm ❸初 ❹長野誠 ❺1stステージをクリアしないことにはFINALはないので、まずは1stステージをクリアしたいと思います！

49 高柳光希（TBSアナウンサー）
❶静岡県 ❷177cm ❸3回 ❹長野誠 ❺アナウンサー史上初の1stステージクリアを目指します‼

50 菅田琳寧（7MEN侍）
❶神奈川県 ❷170cm ❸4回 ❹梶原颯、又地諒、川口朋広 ❺3rdステージ、クリフの飛び移りまでいきたいです！ 頑張りんね！

51 日置将士（キタガワ電気 店長）
❶千葉県 ❷170cm ❸16回 ❹白鳥文平 ❺打倒クリフ！ そして、いつか息子（琉青）と一緒に出場をして、親子でクリアしたいです！

52 内宮修造（クレーンリース会社 職員）
❶東京都 ❷179cm ❸初 ❹漆原裕治 ❺SASUKEに最大限の敬意を示し、頑張りたいと思います！

53 荒川太一（Dリーガー「FULLCAST RAISERZ」）
❶埼玉県 ❷165cm ❸初 ❹長野誠 ❺1stステージクリアをマジで考えてます。とりあえずそこしか見てないです。

54 梅林太朗（レスリング 元日本代表）
❶千葉県 ❷168cm ❸初 ❹長野誠 ❺レスリングで培った身体能力でSASUKEの限界まで挑戦します。

55 佐野文哉（OWV）
❶山梨県 ❷171cm ❸初 ❹梶原颯 ❺1stステージ初チャレンジでクリアする目標を掲げて頑張りたい。

56 御園啓貴（麻布中学SASUKE同好会）
❶東京都 ❷160cm ❸初 ❹山田勝己 ❺最年少完全制覇目指して頑張ります！ 緑山を最高に盛り上げたいです！

57 運上雄基（プロアイスホッケー選手）
❶長野県 ❷170cm ❸初 ❹佐藤惇 ❺アイスホッケーで鍛え作り上げた身体で完全制覇を目指します！

58 吉岡京介（パワーリフティング アジア連覇）
❶香川県 ❷161cm ❸初 ❹森本裕介 ❺世界で戦うアスリートの1人としてSASUKEやパワーリフティング界を盛り上げられるようなパフォーマンスをします！

59 宮岡良丞（愛媛銀行 職員）
❶愛媛県 ❷175cm ❸初 ❹森本裕介 ❺SASUKEは夢の舞台ですが、その感情は捨てて、クリアすることだけ考えて挑みます。

60 後藤祐輔（林野庁 職員）
❶兵庫県 ❷168cm ❸4回 ❹山田勝己 ❺林業の未来のために頑張ります！ 夢はもちろん完全制覇！

61 長崎峻侑（トランポリンパフォーマー）
❶茨城県 ❷173cm ❸19回 ❹長野誠 ❺2ndステージをしっかりクリアして、3rdステージに向けて頑張ります！

62 ともしげ（モグライダー）
❶埼玉県 ❷175cm ❸初 ❹山田勝己、長野誠 ❺1stステージはクリアしたいと思います！

63 濵田崇裕（WEST.）
❶兵庫県 ❷177cm ❸初 ❹ケイン・コスギ ❺未知なので、「いけるっしょ！」のその気持ちを忘れずに楽しみたいと思います！

64 粗品（霜降り明星）
❶大阪府 ❷180cm ❸4回 ❹佐藤惇 ❺1stステージクリア！ 30秒残してクリアしたいと思います。

65 せいや（霜降り明星）
❶大阪府 ❷163cm ❸4回 ❹秋山和彦 ❺4度目の正直。ローリングヒルをクリアして、完全制覇いきたいと思います。

66 あの（アーティスト）
❷166cm ❸初 ❹山田勝己 ❺僕はノロマなイメージが強いと思うので「出来るんだぞ」っていうところを見せたい。

67 兼近大樹（EXIT）
❶北海道 ❷172cm ❸3回 ❺結構真剣にやってるので、笑わないで見てください。

68 FUMA（&TEAM）
❶静岡県 ❷180cm ❸初 ❹森本裕介 ❺怪我なく1stステージクリアします！ 頑張ります。

69 戸高雄平（食堂とだか 料理人）
❶鹿児島県 ❷173cm ❸初 ❹山田勝己 ❺爪痕を残せたらと思います！

70 中道理央也（フィットネスモデル）
❶大阪府 ❷185cm ❸初 ❹森本裕介、才川コージ、梶原颯 ❺作り上げてきた肉体で1stステージクリアします！

71 チアリーディング世界選手権 優勝
杢元良輔
❶宮崎県 ❷174cm ❸2回 ❹長野誠 ❺男子チア・少年チアを背負って教え子達にかっこいい姿を見せたいと思います！

72 佐藤三兄弟
佐藤嘉人
❶宮城県 ❷174cm ❸2回 ❹長野誠 ❺2回目のチャレンジですが、全力で1stステージクリアできるように頑張ります！

73 アメリカンフットボール選手
小泉誠実
❶神奈川県 ❷169cm ❸初 ❹山本良幸 ❺夢であったSASUKEで活躍し強いインパルスを与えます！

74 A.B.C-Z
塚田僚一
❶神奈川県 ❷168cm ❸11回 ❹漆原裕治 ❺2ndステージクリアを目標にして頑張ります。

75 パリ五輪内定 ボクシング2021世界王者
岡澤セオン
❶山形県 ❷179cm ❸初 ❹山田勝己 ❺自分がSASUKEに挑戦できることにわくわくしています！SASUKEをKOしてやります!!

76 パルクール協会 会長
佐藤惇
❶東京都 ❷175cm ❸13回 ❹山本進悟 ❺今までの大会の中で、最も自分らしいやり方になるはずです。お楽しみに。

77 サムライ・ロック・オーケストラ
武藤智広
❶東京都 ❷181cm ❸4回 ❹池谷直樹、長崎峻侑、樽美酒研二 ❺絶対に3rdステージに戻って、宿敵サイドワインダーを超えて、クリフも超えていけるように頑張っていきます！

78 サスケ先生
鈴木祐輔
❶東京都 ❷172cm ❸14回 ❹長野誠 ❺サスケ先生として子どもたちに夢や希望を与えられるよう頑張ります！

79 カーデザイナー
荒木直之
❶東京都 ❷166cm ❸9回 ❹長野誠 ❺人生の転機を迎えました。新章開幕を飾れるよう、目一杯頑張ります！

80 栄光ゼミナール 講師
山本桂太朗
❶兵庫県 ❷166cm ❸10回 ❹山田勝己、漆原裕治 ❺今年はFINAL進出、ファイナリストになります！

81 ゴールデンボンバー ギター
喜矢武豊
❶東京都 ❷166cm ❸8回 ❹フワちゃん ❺クリアする以外に道は残っていないので、できればクリアしたいと思います。頑張ります！

82 ゴールデンボンバー ドラム
樽美酒研二
❶福岡県 ❷181cm ❸12回 ❹SASUKEオールスターズ ❺とにかく長い時間SASUKEを楽しんで、隅から隅まで思いっきり楽しみたいと思います。頑張ります！

83 キッズパーソナルトレーナー
大嶋あやの
❶東京都 ❷156cm ❸7回 ❹ジェシー・グラフ ❺（女性として）前人未到の3rdステージ「クリフディメンション」突破を目指して頑張ります。

84 ソフトボール 五輪 金メダリスト
山田恵里
❶神奈川県 ❷165cm ❸初 ❹山本良幸 ❺ソフトボール選手で出場したのは2人目。より長くステージにいられるように頑張ります。

85 パリ五輪内定 柔道世界3連覇
角田夏実
❶千葉県 ❷161cm ❸初 ❹ケイン・コスギ ❺落ち着いて、柔道と一緒で冷静に進んでいけたらいい。1stステージをクリアしたいと思います。

86 モーグル 五輪 銅メダリスト
堀島行真
❶岐阜県 ❷170cm ❸2回 ❹竹田敏浩 ❺1stステージクリア目指して頑張ります！

87 WBC元日本代表
松田宣浩
❶滋賀県 ❷180cm ❸初 ❹山本良幸 ❺これまでやってきたことを野球界の代表として、やってきますので応援よろしくお願いします。熱男～！

88 Snow Man
岩本照
❶埼玉県 ❷182cm ❸9回 ❹日置将士 ❺30代を駆け抜ける一発目として、着実に進んで3rdステージにいきたいです。

89 ISKA世界ライト級王者
武尊
❶鳥取県 ❷168cm ❸8回 ❹長野誠 ❺走り込みをめちゃくちゃしてきたので、1stステージクリアいきます。目標は初の3rdステージ進出。

90 配管工
又地諒
❶神奈川県 ❷162cm ❸18回 ❹ケイン・コスギ ❺まずは9年ぶりのファイナリストになること。その先に新たな時代を作りたい。

91 ALTI-OR 社長
川口朋広
❶神奈川県 ❷178cm ❸17回 ❹長野誠 ❺3rdステージクリア仕様の体づくりを1年間続けてきたので、二度目のファイナルステージ進出へ頑張ります！

92 アメリカ NINJA WARRIOR 完全制覇
ダニエル・ギル
❶アメリカ ❷175cm ❸初 ❹長野誠、森本裕介 ❺今年のSASUKEに出場できる素晴らしい機会を頂けたことに感謝しています。僕の為、そして仲間も完全制覇ができるよう応援よろしくお願いします！

93 ドイツ NINJA WARRIOR 完全制覇
レネ・キャスリー
❶ドイツ ❷180cm ❸2回 ❹長野誠 ❺緑山を制覇できるように精一杯頑張るのでみんなも僕のために祈っていてくださいね！

94 SASUKE唯一の皆勤賞
山本進悟
❶東京都 ❷171cm ❸41回 ❹長野誠 ❺3rdステージのスタート地点に立ちたいです。

95 ミスターSASUKE
山田勝己
❶兵庫県 ❷175cm ❸31回 ❹長野誠 ❺2ndステージまではクリアします。

96 史上2人目の完全制覇者
長野誠
2006
❶宮崎県 ❷162cm ❸29回 ❹森本裕介 ❺親子で1stステージクリア！最年長・最年少クリアを狙って頑張りたい。

97 靴のハルタ 営業
漆原裕治
2010 2011
❶東京都 ❷163cm ❸21回 ❹長野誠 ❺年齢は重ねたがその経験を生かして3度目の完全制覇に向けて頑張ります！

98 山形県庁 職員
多田竜也
❶山形県 ❷167cm ❸10回 ❹山本進悟 ❺原動力は家族と出逢った仲間達です！山形へ完全制覇を届けます！

99 山田軍団【黒虎】
山本良幸
❶大阪府 ❷174cm ❸5回 ❹山田勝己、長野誠、川口朋広、森本裕介 ❺5回目のチャレンジ、今度こそ完全制覇をし、FINALの頂上で山田さんと嬉し涙を流します！

100 完全制覇のサスケくん
森本裕介
2015 2020
❶高知県 ❷164cm ❸17回 ❹長野誠 ❺今回こそ3度目の完全制覇を成し遂げ、SASUKEの歴史に名を刻みます！

コインパーキングデリバリー

番組オリジナルキャラクター「坂本さん」デザイン

新進気鋭のアーティスト・コインパーキングデリバリーと『SASUKE』による異例のコラボが実現。そして爆誕した『SASUKE』番組史上初となるオリジナルキャラクター、その名も「坂本さん」の誕生秘話をインタビュー。

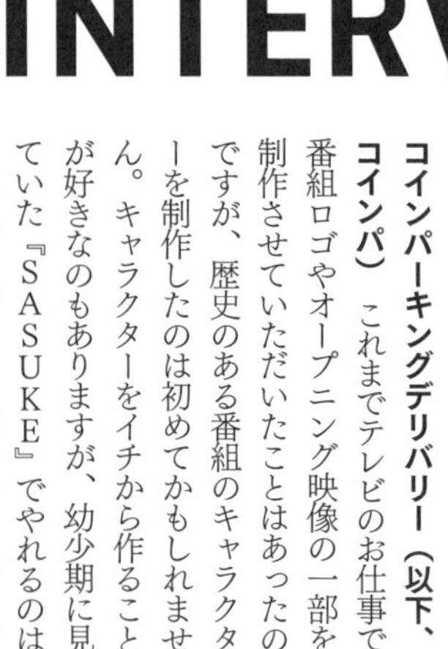

SASUKE CREATOR INTERVIEW

Z世代を代表する覆面アーティスト。2018年、電車での移動時間にスマートフォンを使い、指で絵を描き出したことからクリエーション活動をスタート。データのみならず造形、空間、ドローイング、海外のパブリックスペースの外壁など、さまざまな場所で独自の世界を構築している。

取材：横井雄一郎
構成：林 和弘（編集部）
写真：辺見真也

忍者からインスパイアされたオリジナルキャラクター

——まずは率直に『SASUKE』オリジナルキャラクターをデザインするお話が来たときは、どう思われましたか？

コインパーキングデリバリー（以下、コインパ） これまでテレビのお仕事で番組ロゴやオープニング映像の一部を制作させていただいたことはあったのですが、歴史のある番組のキャラクターを制作したのは初めてかもしれません。キャラクターをイチから作ることが好きなのもありますが、幼少期に見ていた『SASUKE』でやれるのは感慨深くて、とても嬉しかったです。

——幼少期から『SASUKE』をご覧になっていたんですね。

コインパ 自分は、おばあちゃん子で、おばあちゃんやおじいちゃんと一緒に見られるテレビ番組って相撲と『SASUKE』だったんです。アニメを見てもおばあちゃんはわからないですけど、『SASUKE』は一緒に楽しめたんです。だから『SASUKE』を見る時間は特別な時間でした。

——今回、『SASUKE』のオリジナルキャラクターを制作するにあたって大事にしたことは何ですか？

コインパ 『SASUKE』って聞いたときに、番組のロゴに入ってるのはもちろんなんですけど、自分の中では忍者のイメージが強くありました。ただ、そこで「忍者のキャラクターがコインパとコラボする」だけのキャラクターだったら、たぶん僕がやる意味がないんじゃないかと思いました。そこでちょっと生物かわからないようなキャラクターでどうやって『SASUKE』との親和性を出すかということを、すごく考えました。そこが肝だったかもしれません。

——そのあたりを形に落とし込んでいく中で、どのようなことを考えましたか？

コインパ まずは『SASUKE』の忍者の分解作業から入ったのですが、「忍者って何の生物に変えられるかな？」というところから始まり、2パターン出てきました。ひとつがカメレオンで、もうひとつがムササビ。どっちのほうが良いのか悩み、どちらも描いてみたのですが、カメレオンは頭の後ろにトンガリみたいなものがあり、そのトンガリが忍者の頭巾を被っているときのトンガリと似ていると思い、カメレオンになりました。

——それは『SASUKE』ならではというか、『SASUKE』じゃないと起こらない展開ですね。

コインパ 忍者をイメージする機会は、なかなかないですね。あと、個人的な理想なのですが、描いたキャラクターが自分の代わりに『SASUKE』に出てほしいと思ったので、すごく動きやすそうな身体にしました。

——ご自身の参加したい意欲というか、気持ちも乗せている。

コインパ はい。そうですね。

坂本さんのゼッケンは栄光の101番

——『SASUKE』という歴史ある番組で、1番から100番というゼッケンは出場者にとってすごく重みがある番号なのですが、今回、その中でオリジナルキャラクターのゼッケンは101番ですよね。

コインパ そこに関しては、シンプルにすごく嬉しいです。最初に『SASUKE』スタッフのみなさまとお話をしたとき、キャラクターは自分の分身でもあり、命でもあるので粗末に扱ってほしくないという気持ちをスタッフのみなさんに伝えたとき、すごく同意していただいて。それで101番という貴重な数字をいただき……言葉にするのが難しいくらい嬉しいです。長い歴史もある番組ですし、家族と見ている番組なのですごく嬉しいです。

——改めて、キャラクターのお名前を教えていただけますか？

コインパ 「坂本さん」です。そもそも自分が作るキャラクターは、全部日本人の名前なんです。それは作品のコンセプトでもあって、日本のモノ作りを世界に発表していくときに、我々がわざわざ海外のフォーマットに合わせる必要はないと思っており、あえて海外のような風貌をしたキャラクターに日本人の名前を入れることが重要だなと思い作りました。また、今回の「坂本さん」の名前は、「坂を本気で駆け上がる」という意味があります。坂から壁に駆け上がっていく過程で大事なのは初速であり、壁にフォーカスするのではなく、その前にある坂が重要で、そこに向かうための準備がすごく重要であることを意味として込めました。

坂本さん

——『SASUKE』では「そり立つ壁」のように壁がフィーチャーされがちですが、その手前に意味を持たせている、というか。

コインパ そうですね。『SASUKE』自体がその仕組であり、「壁」がいわゆる「本番」だと思うのですが、挑戦者のみなさんにとっては、『SASUKE』に出るために毎日自作のセットでトレーニングをしたり、そこに行くまでの準備がすごく大切だと思います。その「誰も見ていないところで特訓する、修行する」といった魂がある感じも、坂本さんのスピリットの中には入っています。

——2023年の第41回大会は、坂本さんがデビューする記念すべき大会でもあります。そんな第41回大会にどんなことを期待、楽しみにされていますか？

コインパ 挑戦者のみなさんが準備してきた成果が披露されると思うのですが、本当にケガなく、無事に終われることを願ってます。もう十分に『SASUKE』は面白いものなので、本当にケガだけなければ嬉しいなという感じです。すみません、全然面白くないですね（笑）。

——いえいえ（笑）。記念すべきコラボですから、今後『SASUKE』の中で坂本さんが活躍する展開があると面白いですね。

コインパ 坂本さんの着ぐるみを作って、しっかり準備していつか『SASUKE』に挑戦してみたいです。

SASUKE *COMPETITORS* INTERVIEW

KANE KOSUGI 伝説

**芸能人最強との呼び名も高いアクションスター、ケイン·コスギが
昨年開催された第40回大会『SASUKE』にCome back！
21年ぶりの復帰にも関わらず、1stステージを見事にクリア。
強くたくましくなった彼が語る『SASUKE』へのPassionate Feelings！**

文：志田英邦　写真：松崎浩之

いまでも忘れられない第8回大会のFINAL

——2022年、第40回大会でケインさんは21年ぶりに『SASUKE』へ復帰されました。復帰をする決断に至ったきっかけは何だったのでしょうか。

ケイン　『SASUKE』に出ていなかった20年間、いろんな方々から「昔『SASUKE』を見ていましたよ、いつかまた出てください」と言われていたんです。そういう声があったことが、大きなきっかけになりました。あと、自分に子どもができて、その娘に自分が頑張っている姿を見せたいと思ったことが大きかったですね。娘にあれこれしなさいと言っているから、自分もやっているところを見せたら説得力が出るかなって。そこが以前と違うところですね。21年前は本当にひとりでやっていて。負けるのが嫌いだからやっていたんですよ。

——ケインさんは『SASUKE』の第1回大会から出場されていましたね。

ケイン　そうですね。最初はスタッフの方から、障害物競走のような番組ができるとうかがったんです。ぜひやってみたいということで、第1回大会に出場させていただきました。出場してみたら、『筋肉番付』や『芸能人サバイバルバトル』とも違う筋肉を使う番組だなと思いましたね。でも、第1回大会に出場した後は、『芸能人サバイバルバトル』に集中したかったので、しばらくは『SASUKE』に出ていなかったんですよね（編集部註・当時ケインは『芸能人サバイバルバトル』第2回から第4回までNo.1選手として連勝していた）。

——第4回大会、第6回大会、第7回大会と出場されて、第8回大会でFINALステージに到達されています。当時はどんなトレーニングをされていたんですか。

ケイン　第1回大会のときは特別なトレーニングをしていなかったんですよ。でも当時は『芸能人サバイバルバトル』やスポーツがメインだったので、普段から走り込みをしていたんです。第4回大会以降も鉄棒で懸垂をしたり、ロープ登りをしたり。それくらいしかやっていませんでした。『SASUKE』のセットを自分で作っている人も当時はほとんどいませんでしたからね。山田さんくらいですよ、セットを自分で作っている人は。自分が本格的に『SASUKE』に向けてトレーニングを始めたのは第7回大会の後からですね。第7回大会で2ndステージのスパイダーウォーク改で落ちたことがすごく悔しくて。ボルダリングウォールのあるトレーニング場に行って、指先の力を鍛えました。懸垂もやりましたし、来年こそ良い成績を取りたいと思っていたんです。

——FINALステージに挑んだ第8回大会のことは覚えていますか？

ケイン　もちろん！　第8回大会は朝7時くらいから緑山に入って。雨が降

ケイン・コスギ

っていたので、ずっと待って。夕方から一気にステージに挑戦して、FINALのときは夜中の2時くらいになっていました。FINALの10メートル綱登りではもう体力的にはキツい状況で。あれは雨が降っていなかったとしてもダメだったでしょうね。自分の力が足りなかったなと思いました。終わった後、3〜4日はずっと筋肉痛で苦しみましたよ。

自分の頑張っている姿を見た娘の反応は——？

——『SASUKE』の酸いも甘いもご存じのケインさんですが、そこから21年のブランクがありました。第40回大会はひさびさの出場でしたが、コンディションはいかがでしたか？

ケイン その頃は、ちょうどコロナ禍になっていたのであまり運動をしていなかったんです。だから、トレーニングを始めたときは本当にキツかったですよ。懸垂を5回〜10回やるだけでキツかった。トレーニングをすると次の日に疲れが残ってしまう。トレーニングの前後のケアにすごく時間がかかるようになってしまいました。家の中にもケアのグッズのほうが多いくらいです（笑）。

——そんな中で、準備やトレーニングはどのようにされましたか。

ケイン 又地さんとトレーニングをしたことが大きかったですね。以前と全然違う雰囲気でトレーニングできたんです。みんなで一緒にトレーニングできて、まるで部活動みたいな感じで。ホントに、去年1年間はメチャメチャ楽しかったんですよ。もう一回やってみたいなって思うくらい。

——20代の頃はひとりでストイックに打ち込んでいたけれど、40代では楽しく挑む。21年ぶりの『SASUKE』には大きな変化があったんですね。

ケイン ハハハ（笑）。やっぱりみんな20代、30代、40代と考え方が変わるものだと思うんです。ボクも21年のブランクがありながらも、再び『SASUKE』に出場するチャンスをいただくことができた。すごくありがたかったし、そのチャンスを無駄にしたくなかった。そこで、新しいかたちで楽しく挑戦できて嬉しかったです。

——第40回大会の『SASUKE』のステージはどうでしたか。

ケイン 全部が違いましたよ。セットも大きくなっているし、新しい種目が増えているし。なんか緑山が遊園地みたいでした。たくさんのお客さんがいらして、現場の雰囲気がものすごく明るかった。昔はなかなか山田さんや（山本）進悟さんと会話することもなかったんですけど、今回はそこも変わりました。みんなとたくさん話ができました。『SASUKE』の障害物もすごく難しくなりましたね。それぞれの障害物に対応した練習をしないとクリアできないレベルになってる。そういうこともあって、自前の『SASUKE』セットを持っている選手も増えましたよね。集中してトレーニングしないとクリアは難しいっすね。

——それでも第40回大会では1stステージクリア最年長記録を見事に達成。現役の肉体を披露しました。

ケイン 年齢的なものはそこまで考えてなかったんですよ。ただ、又地さんがすごく時間をかけていろいろ教えてくださったから、チャンスをいただいている以上は結果を残したいと思っていたんです。最低でも1stステージはクリアしたかった。そこを目指してやっていたので、結果としては満足しています。

メンタルこそが『SASUKE』攻略の鍵

——ケインさんにとって『SASUKE』を続ける魅力とは？

ケイン 『SASUKE』って何が起こるかわからないんですよ。たぶん選手はみんなそこを心配していると思うんですよね。練習だったら絶対にミスをしないところを本番だとなぜかミスをしてしまう。なんで自分でもミスをしたのかわからないミスが起きるんです。自分もかつてそういうミスをしましたからね。第7回大会のスパイダーウォーク改で。でも、それが難しいところでもあり、面白いところなんですよ。

——そういうミスを克服するにはどうしたらいいんでしょうか。

ケイン やっぱり緊張しすぎないことでしょうね。ボクが『筋肉番付』や『芸能人サバイバルバトル』に出ていた頃は本番の1週間くらい前から眠れないくらい緊張していたんです。『SASUKE』に出るようになっても「今回頑張らないとまた1年ずっと悔しい思いをするぞ」って。失敗したくないし、後悔したくないし、終わったときの結果を考えてしまうんです。そういう考えに取り憑かれてしまうと身体がすごく硬くなってしまう。動けなくなってしまうんですね。それがわかったから、最近はイメージトレーニングをするようにしています。本番の2日前くらいから頭の中で『SASUKE』をやるんです。1stステージのスタートラインに立ってクワッドステップスを飛んで、ローリングヒルを上って、フィッシュボーンを走って……その中でこれまでに練習で掴んだ注意点を順番に振り返るんですね。次の障害物はこん

KANE KOSUGI

ケイン・コスギ　1974年10月11日生まれ。アメリカ合衆国ロサンゼルス出身。ハリウッドスターのショー・コスギの長男として生まれ、国内外の映画に出演。俳優として活躍する。『SASUKE』には第1回大会から出場。6度出場し、すべて1stステージをクリアしている。

な注意点があるぞって。そうやってイメージトレーニングに集中していると、緊張することもなくなる。緊張するような心のゆるみがなくなって、ずっと意識を集中できるんです。そのことで結果的にリラックスしているんですよ。未来の結果に怯えることなく、いまの目の前のことを考えているから、プレッシャーを感じないんです。

――ケインさんの得意な種目は?

ケイン あまりないですね(笑)。まあ、パワー系かな。パワー系ならなんとかなると思います。あとはローリング丸太かな。あれは失敗していないので、それほど大変じゃないと思っているんですが……でもそれくらいですね。どれも難しい。

――どれも難しいとなると、ケインさんにとって『SASUKE』の攻略方法は……。

ケイン さっきもお話ししましたけど、『SASUKE』は何が起きるかわからない。信じられないミスが起きるんです。そういうミスを起こさない方法は一切気を抜かないこと。集中力を高めておけばミスが起きないし、アクシデントがあっても対応できる。そのためには基礎的な体力を高めて、集中をずっとしていること。集中力を切らさないメンタルが必要になるんです。特に『SASUKE』は一発勝負なので。新しい障害物があっても練習することはできないわけですから。一発で全部の障害物をこなさないといけない。一度のミス、一度の油断で終わってしまうわけですから。それが怖いんですよね。とくにボクの年齢になると、疲れてしまうと集中力がすぐに落ちる。去年、久々に『SASUKE』をやってみて、集中力を維持するための耐久力不足を痛感しましたね。

勝負に負けるのが嫌いという性格は21年間変わらない。

SASUKE *COMPETITORS* INTERVIEW

――お話は変わりますが、ケインさんはなかやまきんに君さんといっしょにお笑いコンビ「パーフェクトパワーズ」を結成して「M-1グランプリ2023」を目指していらっしゃいましたね。そちらでも、ケインさんが『SASUKE』に出場したときのエピソードをネタにしていらっしゃいますね。

ケイン ハハハ(笑)。『SASUKE』のおかげでご縁があって、ネタにまですることができました。本当に感謝しかない(笑)。

――ちなみに第40回大会に出場されて娘さんのリアクションはどうでした?

ケイン まだ娘は4歳なんでね、一緒にテレビでオンエアを見ましたけど、ノーリアクションでした!(笑)

――今後も出場し続けていただいて、大きくなった娘さんがお父さんの活躍に感動する日を楽しみにしています。

ケイン ハハハ(笑)。大会の模様は配信でも見られるので、いつの日かボクの頑張りぶりを見せたいですね。

――最後にケインさんにとって『SASUKE』とは?

ケイン 自分のモチベーションです。自分は1歳半の頃からさまざまな武道やスポーツをやってきて、高校生の頃からジムでトレーニングをして、ずっと身体と筋肉に向かい続けてきましたけど、やっぱりどこかでやりたくないとかネガティブな感じになっちゃうんですね。でも『SASUKE』があると思うと、そういう気持ちにはならない。もっと強くなりたいと思うことができました。これはやっぱり『SASUKE』のおかげです。『SASUKE』はいまの自分にとって最大のモチベーションです。

誇り

史上初の完全制覇者
秋山和彦

SASUKE *ALL-STARS* INTERVIEW

1999年の第4回大会で『SASUKE』史上初の完全制覇者となった"毛ガニの秋山"こと秋山和彦。第28回大会で引退、第40回大会で10年振りに復活した秋山和彦を訪ねて北海道へ――。彼の地で語られた完全制覇者としての「人生」と「誇り」とは？

写真／文：林 和弘(編集部)

FINALまで行ければ絶対クリアする自信がありました。

オホーツク海沿いでレジェンド・秋山和彦と

——今日はいろいろとお話をお聞きすることになるかと思います。よろしくお願い致します。

秋山　よろしくお願いします。目のことは、まぁ、みんな知っていることだから（笑）。

——秋山さんのご出身は北海道北見市常呂町、こちら（取材場所）ですよね。オホーツク海沿いで。

秋山　家から車で2～3分走ったら、すぐにオホーツク海ですよ。

——常呂町で生まれた秋山さんは、どんな少年時代を過ごされたんですか？

秋山　とにかく飽きっぽくて、何かやってもすぐに辞める子でしたね。スケート少年団なんて1日で辞めた（笑）。とにかく飽きっぽい。だから、あんまり夢中になることっていうのがなかったですね。小学校の高学年になってから、従兄弟の兄ちゃんの影響で野球少年団に入ったんですよ。中学校でも野球部に入ったんですけど、ゴロでノックってあるじゃないですか？　僕の番になると、みんなザワザワするんですよ。ボールは行ってるのに動かないから、僕が。僕はわからない。フライが高く上がっても見えにくいからザワザワって。それで「あれ？　俺やっぱり目が悪いんだな」って。

——秋山さんが「自分は目が悪いんだな」って気付いたのは、いつ頃なんですか？

秋山　生まれつきの障がいだから、最初はわからないんですよね。小学校に入って視力検査をやるじゃないですか。それが、やっぱり低いんです。でも、メガネをかけても病院に行っても原因がわからない。それで小学校4年生くらいですかね、やっとわかった。生まれつき両方の網膜に穴が空いてるから、目の移植をしてもダメ。それが小学校4年生のときにわかって、いま50歳。この年月が経っても、まだ治らない。でも、いまさら遠くが見えたから何だって言うね。これが高校卒業してすぐとかだったら、車乗って彼女乗っけてとか、そういうのもあったと思うんですけど、いまさら免許取って死んでも嫌だし（笑）。だから、周りから言われるよりは気にしてないんですよ。遠くが見えたことがないから、わからないんです。

SASUKE *ALL-STARS* INTERVIEW

『SASUKE』出場、そして初の完全制覇へ

秋山　野球を辞めた後、球の大きなバスケットボールを始めたんですよ。身長を伸ばしたいっていうのもあって。それで高校に入ってからはレスリング。レスリングも最初は嫌だったんだけど試合で勝ったりすると面白くなってきて、そのうち「オリンピックに出場したいな」って思うようになって。それを思ったのが高校3年生のときですかね。それで卒業してレスリングができるところがないかと思ったら、自衛隊があったんですよ。それで自衛隊に入って練習をやったんですけど、もう「来るところを間違ったな」って（笑）。

——大変でしたか？

秋山　やっぱり、すごいですよ。高校生のとき、ちょこちょこ北海道大会で勝ったくらいとは全然レベルが違って。それで自衛隊を2年で辞めたんです。レスリングだけが目的だったから。それで毛ガニの船に乗ってたら『筋肉番付』が始まって「腕立てを何回できるか？」っていうのをテレビで見て「俺のほうができるよ」と思って応募して。それで記録を作ったり、山田さんと出会ったりして、そこから『SASUKE』に繋がっていった。だから、ひとレスリングやってからですかね、ひと

つのことに打ち込めるようになったのは。

——秋山さんは初出場された1998年の第2回大会で2ndステージまで行かれましたけど、初めて挑戦した『SASUKE』はいかがでしたか？

秋山　FINALのロープ（15m綱登り）まで行ければ行くんだけどなって（笑）。テレビで見てたときから「ロープ登りだけは絶対行く」と思って。あそこだけは自信があった。

——FINALまで行けば行けるぞ、と。

秋山　本当に、あそこしか見てなかった（笑）。それで第2回大会、第3回大会と自信はあったけどダメで。

——そして、第4回大会で初の完全制覇。バク転されていましたよね。

秋山　あれは2ndをクリアしたときですかね。ずっとやろうと思ってた（笑）。

——やろうと思ってたんですね（笑）。

秋山　絶対やろうと思ってた（笑）。あとは3rdのクリフですね。初めて見たとき「どうやって行くのこれ!?」ってザワついたんですよ、みんな。でも、実際やったら行けた。普段の練習でも、ああいう力はついていたんだなって。その後のパイプスライダーが危なかったんですよ。一か八かで行ったら上手い具合に行った。あれも運ですからね。

——そしてFINALステージ、かなり時間を残して登り切りました。すごかったですね。

秋山　いや、ワイヤーがクルクル回ってなかったらブザーが鳴らずにクリアできましたよ。あれでスピードが落ちちゃったんですよね。「このまま行けるぞ」と思ってたのに「あれ？」って。ロープだけなら、いまでも速いんじゃないかな。サーモンラダーとかやった後じゃなければ。ロープだけならね（笑）。

目のことは一切言っていなかった

——秋山さんの目について番組内でオンエアされたのは、完全制覇をされた第4回大会でしたね。

秋山　完全制覇しなかったら、僕の視力のことなんてテレビでは言う場面もなかったですよね。そんな掘り下げないですよ。

——『SASUKE』に初めて出場されたときから、ご自身の目のことについては番組サイドに伝えていたんですか？

秋山　目のことは一切言ってなかったです。おそらく完全制覇したときの1stステージだった気がしますね。みんなで集まって何かを見てたんですよ。セットの模型か何か。そのときに僕、目を近付けて見てたら、スタッフの人が「秋山さん、目悪いんですか？」って。それで「悪いですよ」「ああ、だから、みんなとリアクション違うんですね」って。知らない人、多いんじゃないですかね、僕がリアクション合わせてるって。去年（第40回大会）もそうですよ。出場者が落ちたんだか落ちてないんだかわからないんだけど、隣にいる長野さんが「わー」ってやったら僕も「わー」ってやる。「あ〜」って言ったら「あ〜」って合わせる。だから疲れるんですよね。本番までに疲れちゃう。

——カメラの前で、ひとりだけ違うリアクションできないですしね。でも、最初に目のことがわかったとき「やめたほうがいいんじゃないですか」という声はなかったのですか？「大丈夫ですか？」みたいな。

秋山　それはなかったですね。たぶん、僕の様子を見てて、そんなこと思わなかったんじゃないですか（笑）。「目が悪い」って言っても、生まれつきの障がいとか、そういう風には思ってなかったんじゃないですかね。だから完全制覇したときかな、「（目のことを）テレビで言うのは嫌だ」って言ったんですよ。でも、乾（雅人）さん（番組総合演出）と電話だったか現場だったか忘れたんですけど話をして。

——乾さんは以前インタビューで「（秋山さんに）視覚障がいがあることを番組で明かしていいかと聞いたら、それは言いたくないと。健常者として出ているので、ハンデを背負っている風に見られたくないと」「それでも、ハンデのない者たちが脱落していった『SASUKE』を攻略したことはとても凄くて素晴らしいと話したら、『じゃあ』と言ってくれたので放送したら、それはそれは大変な反響でした」とおっしゃっていました【※】。こういったやり取りを受けて、第4回大会で秋山さんの目のことが番組内でオンエアされたんですね。

秋山　そうですね。

完全制覇した人間がダメになったらダメだ

秋山　僕、あのとき完全制覇して『SASUKE』は終わると思ってたんですよ。『筋肉番付』の『SASUKE』というコーナーは。だから、その後に連絡を受けて「まだやるの？」って（笑）。完全制覇した次の大会は（鍼灸師の）国家試験があったから出られなかったんですよね。年に1回の国家試験だから。それが終わって、札幌の治療院に勤めながら次の大会が秋だったのかな？出場したらジャンプハングで落ちて。

——2000年9月ですね、第6回大会。

秋山　そこで「ちゃんと練習してなかったからだな」と思って、札幌の治療院を辞めて地元（常呂）に戻ったんですよ。そこまでおかしいんです、頭が

※Numberweb「なぜ『SASUKE』で"一般人"は輝くのか？ 総合演出家・乾雅人が語る『SASUKE』だけの魅力」(https://number.bunshun.jp/articles/-/851340)

「俺は完全制覇したんだ」ということは、生きる支えであり、誇りなんです。

(笑)。『SASUKE』のために仕事を辞めた。それで地元に帰って、いろいろやったりしたんですけど(第12回大会の)パイプスライダーまで行ったのが最後でしたね。その後は、あんまり気持ちも上がらなくなってきたっていうのも、あったかもしれない。結婚して子どももいるってなったら、やっぱり『SASUKE』ばっかりには行けないなって。(当時)いろいろ考えたはずですね。いまも考えますけど(笑)。

――『SASUKE』の面白いところは、みなさん、どこまでいっても一般の方、当たり前に日常生活のある人たちなんですよね。

秋山　それがいいんでしょうね。ただ、やるとしたら完全制覇する気でやらないと嫌なんです。中途半端にやってれば楽だけど、やっぱり完全制覇する気でやったら、本当にキツいんですよ。夜とか眠れないときも結構あったんです、筋肉が痛くなるから。そのくらいやっていいのか？　やらないと完全制覇できないのか？　それは人それぞれだと思うんですけど、その辛さから逃げたのかもしれないですね。仕事にかこつけて。わからないですけど。でも、やっぱり生きていくのが優先順位一番だから。

――人それぞれ、生きていくための基盤がありますからね。

秋山　俺は『SASUKE』で食ってるんじゃない。本当はやりたいですよ。やりたいんですけど、そう言い聞かせて、とりあえずは生活していかんとならんよなっていう。いずれは『SASUKE』って絶対に辞めるときが来るじゃないですか。『SASUKE』は続いたとしても、選手は出れなくなるときが絶対ありますから。そのときに残ってるものがないと「何をやってたんだろうな」ってなると思うんですよ。これ言ったら夢がなくなっちゃうかもしれないですけど、自分ひとりじゃなくて嫁さんがいて子どもがいて、孫ができてとかなると、子どもにしてやりたいとか孫にしてやりたいとか、いろいろな思いが出てくるはずなんですよ。いまも思ってますから、子どもにしてやりたいって。だから、それができる自分でありたい、というか。

――秋山さんは昨年、第40回大会に出場されたときのインタビューで「完全制覇した人間がダメになったらダメだ」ということをおっしゃってましたね。

秋山　うん、それが、いま言ったこと。『SASUKE』を辞めたときに何も残っていないっていうか、基準はわからないですけど、やっぱり、いい生活をしたいっていうのが本音だと思うんですよ。その気持ちがなくなったらダメだと思うから、いまも失敗の繰り返しですけど、最終的には上手くいけばいいって感じです。完全制覇みたいにね。それまでがダメでも上に行っちゃえば、完全制覇者でずっといけるから。普段の生活でも完全制覇者にならんとね。だから俺は『SASUKE』の完全制覇者になったっていうのは普段も支えになってる。間違いなく、あ

KAZUHIKO AKIYAMA

秋山和彦　1973年1月3日生まれ。北海道出身。SASUKEオールスターズ。1998年の第2回大会で『SASUKE』初出場。1999年の第4回大会で史上初の完全制覇者となる。その後、2012年の第28回大会で引退、第40回大会にて復活を果たす。

の『ＳＡＳＵＫＥ』の完全制覇は。他の3人もそうだと思うんですけど、いいことばっかりじゃないから。ただ、そういうときに「俺は完全制覇したんだ」っていうのは、たぶん自信というか、誇りだと思うから。

——そうですね。まさに「誇り」。

秋山　みんながどういう思いで出てるかはわからないですけど、終わった後に名前が残ったり、辞めた後に「やっぱり完全制覇する人って違うんだな」って生活、老後を送りたいなっていう意味で、ああいうふうに言ったんですよね。

まだできる　やればまだできる

——番組スタッフの方からお聞きしたのですが、秋山さん、第50回大会には出られるそうですね（笑）。

秋山　いやいやいやいや、それ、言葉が変わってるんですよ。僕は「次出るとしたら第50回大会じゃないですかね」って言ったのが、もう「出ます」になってる（笑）。

——第50回大会だと約9年後くらいですね。そのときは、おいくつですか？

秋山　59歳、還暦前ですよ。

——でも山田さんが今年58歳ですから、全然大丈夫ですよ（笑）。

秋山　再来年還暦ですもんね。たぶん還暦で出場するじゃないですか。黒虎のTシャツに「還暦」って入れて（笑）。

——山田さんは、全然行けそうですね。

秋山　オールスターズ全員、還暦に出させるっていうね（笑）。でも、やりたいですよ。本当に『ＳＡＳＵＫＥ』をやりたいんです。いまもやりたい。いまから練習してどうこうってことはないですけれど行きたいですよ。

——緑山に。

秋山　行くと「カーッ」となるんですよ。去年も本当に「カーッ」となって、こっちに帰って来てからもテンション上がってて。とりあえず腕立てしようって腕立てして、いま何回できるかなって少しずつ上げていって、今年の春先かな、２５００回やったんですよ。

——２５００回ですか!?

秋山　1回も膝とかつけないでブッ通しでやって、82〜83分かかったんですけど、もう走った後かのように汗がダラダラ出てきて。それで「まだ俺できるんだ」って。やればまだできるなっていうのがあるから、やりたいですよね。

——夢に見たりしますか、『ＳＡＳＵＫＥ』のことって。

秋山　昔はすごい見た。トランポリンは出てくる出てくる。成功してるのは出てこないんですよね。トランポリンで落ちるところは、すっごい見ました。１００回とは言わないですけど、結構見ましたね。下手くそなんですよね、トランポリン自体が。ちゃんと飛んでたら掴めると思うんですよ。見えにくくても見えなくても。でも、いまのドラゴングライダーは1本だから。ネットのときはどっか掴めたんだけど1本となるとね。また真剣にやらないといけない。第50回大会で１ｓｔクリアしたらいいですよね。59歳で。3年前くらいから練習しようかな。セット持ってる人のところへ行ってね。そうなると、またおかしくなっちゃうんですよ、頭が（笑）。『ＳＡＳＵＫＥ』脳に。

——『ＳＡＳＵＫＥ』の頭になっちゃうんですね（笑）。頑張ってください、応援してますよ。今日は、本当にありがとうございました。

秋山　こちらこそ、楽しかったです。

SASUKE STAFF INTERVIEW

杉山真也
TBSアナウンサー

第37回大会から『SASUKE』のメイン実況を担当しているTBSの人気アナウンサー杉山真也。つねにプレイヤーに寄り添い、その肉体が語る言葉を我々に届けている彼が緑山の最前線で目撃した、大河ドラマとしての『SASUKE』の魅力とは？

写真／文：林 和弘（編集部）

杉山真也　1983年10月3日生まれ。東京都出身。TBSアナウンサー。2007年に入社、『THE TIME,』『東大王』『ジョブチューン』など多くの人気番組を担当。第37回大会より『SASUKE』のメイン実況を担当している。

プレイヤーが命をかけるなら実況も命をかける

――杉山さんは毎年『ＳＡＳＵＫＥ』の本戦前、どれくらい予習をされていますか？

杉山　過去の映像を毎年、収録の前に見るようにしています。前回が40回だったので、全部で40回大会分ですね。何ヶ月も前から逆算して、いまやっと36回か37回まで来たんですけどね（編集部註・この取材は２０２３年10月末に行われました）。

――すごいですね！　1回で2時間、長いときは5時間くらいありますね。

杉山　見始めるのは3ヶ月くらい前からなんですが、1日行ければ1本2本。でも見られない日もあるので「この日は時間がありそうだから3本行っちゃおう」とか。それで大会の1週間前くらいには最新のところまで見て、残り1週間で準備するっていうルーティンを、ここ3～4年くらいやっていますね。よく言ってることなんですが、『ＳＡＳＵＫＥ』プレイヤーがこの日のために命をかけてるんだったら、実況するほうも、この日のために命をかけないとなっていう思いで、死ぬ気でやっています（笑）。たとえば山本進悟さんだったら「ＳＡＳＵＫＥ唯一の皆勤賞」っていうのは資料に書いてあるんです。でも、その皆勤賞の歴史を知らないまま「この人は皆勤賞なんです」って言うのは言葉に責任を持てていないな、とメインの実況になったときに思って。

――皆勤賞って、考えてみると大変なことですもんね。

杉山　そうなんですよ。言葉上で「皆勤賞」と言うのは簡単ですが、その歴史を知って「皆勤賞」と言うのでは重みが違う。だから、山本さんが去年、久々に１ｓｔステージをクリアされたんですが、そのときは『ＳＡＳＵＫＥ』の大河ドラマを1話から見てますから、40話の歓喜っていうのは自分でもウルッとくるところがありましたね。

――こういったお話を聞くと、杉山さんの実況を、より深く感じることができます。

杉山　去年、山田軍団「黒虎」がＦＩＮＡＬステージに初めて行ったんですけど、山田さんが一番最後にＦＩＮＡＬ近くまで行ったのはいつだったっけなっていうのは、実は何年も前から計算してたんですよ。山田さんの３ｒｄステージ一番最後はパイプスライダーで落ちてしまったんですけど、それが２００２年。そのとき（当時の実況の）古舘（伊知郎）さんが「闇夜に山田、独りぼっち」っていうワードを残されてるんです。「闇夜に山田、独りぼっち」と言ってパイプスライダーを飛んだときに落ちてしまったっていうのが、彼の最後の３ｒｄステージ。去年は２０２２年だったので「〝闇夜に山田、独りぼっち〟から20年」っていう引用と、２００２年には独りぼっちだった山田さんに、いまは「黒虎」とか他の仲間たちがいる状況をワードに込めて、山本良幸さんのパイプスライダーの実

SHINYA SUGIYAMA

況をやりました。

『SASUKE』ノートに綴られた熱き人間ドラマ

——山本進悟さんの1stクリアでウルッときたというお話をされていましたが、これまでグッと来た瞬間とか覚えてらっしゃいますか？

杉山　去年のケインさんの復活はグッと来ましたし、あとは森本さんの第38回大会の完全制覇の3rdステージ、FINALステージっていうのはすごく記憶に残っています。

——森本さんも最初は普通の少年からスタートしてますもんね。

杉山　15歳で初出場されて、なかなか1stステージがクリアできなかったんですよ。5回くらい出ていて、それで6回目の出場かな……ちょっとすみません（と言ってカバンの中からノートを取り出す）。

——『SASUKE』専用ノートですか！　すごいですね。

杉山　ここに映像を見て気付いたこと、過去の実況で使われたフレーズとかをメモしてるんです。これが3冊目になりますね。森本さんは28回大会で初めて1stステージをクリアして、29回大会では3rdステージのラスト、パイプスライダーで落ちてしまった。彼が15歳のときを私は全然知らないんですけど、彼のSASUKE愛と成長っていうのは近年における人間ドラマであり、ひとつ柱みたいなところではあるなと思っていて。38回大会のとき、森本さんだけが3rdステージをクリアしてFINALステージに臨んで完全制覇をしたときには、自分もFINALステージを実況するのが初めてだったので、すごく興奮して嬉しかったのを覚えています。

——「ミスターSASUKE」山田さんはいかがですか？　今回取材させていただいて改めて思いましたが、山田さん、面白い方ですよね。チャーミングというか（笑）。

杉山　可愛いですよね。「山田さんが可愛い」という視点で1回大会から見直すと、また違った山田さんとして見られるのでオススメです（笑）。

——それはいいですね（笑）。

杉山　1回目から見てる人だとストイックな『SASUKE』に人生を捧げた男って感じでしょうけど、「可愛い」というところから一周して見直すと「天然なんじゃないの？」っていう。そういう楽しみ方もできると思います。

杉山アナの選ぶ歴代最強プレイヤーは？

——では、毎年すべての映像をリピートされている杉山さんが選ぶ歴代最強プレイヤーってどなたになりますか？

杉山　歴代最強（笑）。難しいですね、これは。トータルですか？

——時代関係なく「あの人」という。

杉山　そう考えると、ふたりになってしまいますが、長野誠さんと森本裕介さんかな、と思います。秋山さんも漆原さんも素晴らしいプレイヤーですが、パワー面とか当時のエリアの難易度も含めて、このふたりかな。長野さんは私が見た『SASUKE』のプレイヤーの中で一番身体の使い方がきれい。長野さんの真髄は、着地をするとかエリアとエリアのつなぎの部分の美しさに出ているような気がするんですが、やってるところもきれいだし、軽くやってるように見える。そこにカリスマ性があるっていうか、やっている姿にオーラがあるのが長野さん。森本さんは一方で、もちろんカリスマ的なオーラもあるんですが、努力を積み重ねられた肉体をもってやってくれる安心感みたいな。だから、このふたりかな。

——秋山さんも「漁師をやりながら完全制覇できるのは、長野さんしかいない」っておっしゃってました。

杉山　長野さんが完全制覇をしたのが17回大会なんですけど、オープニングで「今回はすごくトレーニングしてきました」みたいなことを言ってるんです。ということは、これまではあまり『SASUKE』に向けたトレーニングをしていなかったのかな？と思って。でも、やっぱり海で過ごしてる分、本当に漁師で培われた身体の使い方だったりとか、筋肉でトッププレイヤーになった。もし長野さんが、いまの常連プレイヤーのようにセットで練習して、ゴリゴリで365日トレーニングしたら、どんな異次元だったんだろうなって思ったりはしますね。

——では最後に、そんな長野さんも出場される第41回大会に杉山さんが期待していること、楽しみにしてることを教えていただけますか？

杉山　森本裕介、三度目の完全制覇なるか。40回大会は完全制覇はありませんでしたが、歓喜か悲劇かと言ったら歓喜寄り、お祭りという感じがありましたけど、今年もそれが継続するのかどうか。私はちょっとわからないなと思っています。そんな森本裕介に追随するライバルが現れるのか。去年復活した人たちは今年もクリアできるのか。あとは41回大会なので、50回大会に向けての一歩目と考えると、新しい第一歩が見られるかもしれないなと思っています。若い力に期待したいですね。

——いま中学生のプレイヤーは第50回大会だと全盛期ですもんね。

杉山　そうなんです。自分もその50回大会までやりたいなっていう思いもありますし。

——是非、期待しています！

杉山　どうなんでしょうね（笑）。でも、やれると良いですね。

万を超えるボツの中から新しいエリアが生まれる

――小美野さんは『SASUKE』のセットを第1回大会から担当されています。小美野さんは具体的にどんなお仕事をされてきたのでしょうか？

小美野　『SASUKE』はあくまでテレビ番組なのでクレジット上での肩書きは「美術プロデューサー」としています。ただし『SASUKE』はスポーツでもあり、イベントでもあり、テレビ番組でもある。僕もデザインをするし、美術制作の進行をするし、お金の計算をする。それを全部まとめて美術プロデューサーと呼んでいるわけです。最近はシンプルに「美術」とクレジットされていますね。

――『SASUKE』のセットを作るうえで、小美野さんがもっとも大事にされていることは何ですか？

小美野　『SASUKE』のセットは競技用の道具でありながら、照明が設置されていて、カメラが撮りやすいように考えないといけない。選手にとって簡単なのか難しいのか、高すぎるのか低すぎるのか、跳んで届くのか届かないのかということを基本にしながらも、最終的には装飾までしないといけない。とてもたくさんの要素が入っている。その中で僕が一番大事に考えていることは安全であることです。選手のみなさんがケガをしないことですね。

――『SASUKE』には創意工夫を凝らした新しいエリアが登場します。

美術

小美野淳一

SASUKE STAFF INTERVIEW

文：志田英邦

「クワッドステップス」「そり立つ壁」「クリフディメンション」――。選手たちに立ちはだかる強敵たちを生み出した人物が小美野淳一。26年に渡り『SASUKE』の世界観と歴史を作り続けてきた彼が、それぞれのセットに込めた思いと熱量とは？

小美野淳一　1966年10月6日生まれ。東京都出身。TBSアクトデザイン本部、アート・センター美術制作部。『スポーツマンNo.1決定戦』『筋肉番付』で美術チーフに。『SASUKE』第1回大会から美術を手がける。

どうやって新しいエリアが生まれるのでしょうか。

小美野　まず机上でアイディアを揉むんですね。総合演出の乾（雅人）さんや制作側から「こういうのをやりたいんだけど」という話を聞くところからはじまります。そうしたら、それを僕がマンガにして描くんです。どんな施設に選手がどう絡むのか。マンガになると一目でわかる。具現化するってことですね。たとえば「ジェットコースターのループを走って、人間が一回転したら面白いよね」と言われるわけです。なるほど、なるほどと、「じゃあマンガを描いてみましょう」といって、ループを人が走っているマンガを描く。バイクだとエクストリームスポーツなどでループをグルっと走っているよね、と。すると「この角度はさすがに人間は上れないんじゃないか」という意見や、制作側の頭のいい人から「時速何キロで走れればできる」「何R（角度）だったらできる」なんて計算が出てくる。それで「人間の限界はこれくらいかな？」ってループをスパッと半分に切る……するとそれが「そり立つ壁」になった（笑）。そういうふうに制作側がゼロからイチのアイディアを出して、僕がイチから10にしていくことで新しいエリアができていくんです。

――そこから今度は実際に作ってみるわけですね。

小美野　そうですね。実際に作って、僕が最初にやってみるんです。これまで作った全エリアの最初の挑戦者は僕なんですよ（笑）。自分がやらないとわかりませんから。「トゲがないか？」「強度は大丈夫か？」「危険はないか？」を見て、自分が納得してから制作に渡す。そこからは制作サイドと具体的に詰めていく。手が届かない高さにジャンプするなら、トランポリンを入れようか、それともトランポリンを抜いて助走スペースをもっと長くしようか……という形で調整していくわけです。

――そうして毎回、新しいエリアを作り続けているわけですね。

小美野　もちろんボツになるエリアもたくさんあります。26年前の第1回から数えたら、ボツの数は万を超えているでしょうね。

とにかく安全に、ケガがないように

――第1回大会のことを覚えていらっしゃいますか？

小美野　それまで『筋肉番付』では一輪車だったり、竹馬だったりで道具を使って競技してましたけど、『SASUKE』では肉体だけで障害物に挑む。それって面白いの？ とよくわかってなかったんです。でも、その頃にオリンピックで100メートル走を見て、すさまじいプレッシャーの中、一回勝負ですごい記録を出す選手たちを見て、その面白さがわかったような感じがあったんです。『SASUKE』の面白さに近いものがありますよね。当時は、1stステージ、2ndステージ、3rdステージ、全部で18エリアを作りました。

――これまでにお作りになったエリアで、手ごたえを感じたエリアは何になりますか？

小美野　どれかひとつ……というものはないんです。やっぱり『SASUKE』のセットは全部揃ってひとつなので。1stステージ、2ndステージ、3rdステージ、ひとつひとつのエリアが全体のバランスの中でできている。選手が流れるように最後まで進めるものを作っているつもりです。だから、どれかひとつというのはない。でも、思い入れが強いものを言うなら、初期からずっと残っているエリアですね。「そり立つ壁」「スパイダーウォーク」「クリフディメンション」……。良いものは残っていくんだなと思います。

――世界各国で『SASUKE』のセットを自作している人がたくさんいます。そういった動きに対してはどんな印象をお持ちですか。

小美野　最初は「美術からセットの図面が選手に渡っているんじゃないか？」って言われたんですよ（笑）。もちろん、そんなことはない。選手のみなさんはビデオを擦り切れるほど何度も見て、セットに使っている資材とか選手の肩幅や歩幅からサイズを割り出して、セットを再現しているわけですよね。スタッフ側も自作セットを容認するようになって、いまでは番組のカメラで撮りに行ったりしてる。選手たちは、本当にすごいと思います。

――前回大会（第40回大会）では森本裕介さんがギリギリで完全制覇を成し遂げられました。ああいった結果は美術として嬉しいものですか？ それとも悔しいものなのでしょうか？

小美野　仕事人としての僕と、視聴者としての僕が混ざって複雑な気持ちでした。仕事人としての僕は、まず「安全に登ってくれ。ケガをするなよ。でも、ボタンを押すなよ」です。本来、僕らは制作側に完成したセットを納品した段階で仕事が終わっているわけです。だから、あとは選手次第。何が起きても番組サイドと制作側に責任がある。だから、どうなるかはわからない。ただ、完全制覇されるとエリアをフルリニューアルしなきゃいけないから、それは大変なんですよ。だからボタンを押してほしくはない。けれど、現場を見ているうちに選手を応援したくなるわけですよ。サッカーのゴールを見たら嬉しいし、ホームランが出たら歓喜する。それと同じ気持ちですよね。「鋼鉄の魔城」と謳っていて、それを完全制覇する選手が出たら、仕事人である自分を忘れてガッツポーズをしてしまう。でも、終わった後は、ちょっと寂しい気持ちもありますね。自分が作ったものが攻略されるのはやっぱり寂しいですよ。

――目前に迫った第41回大会の抱負をお聞かせください。

小美野　こちらとしては自信を持ってお届けできるかなと思っています。ただ、そういうときこそ油断できない。落とし穴があるかもしれないので最後までしっかりと見届けたいと思っています。あとは選手スタッフ、誰もケガがないように。笑顔で終わってくれることを願うだけですね。『SASUKE』は選手なくしては成立しないものです。ここからは選手たちのもの。僕はその戦いを見守ります。

――では最後に、小美野さんにとって『SASUKE』の美術とは？

小美野　第1回からずっと関わっているスタッフは僕ひとりになりました。あくまで『SASUKE』は番組ですから、視聴率が悪くなってしまったらどうなるのかはわからない。ただ『SASUKE』に熱を持っている人たちがこれからもいてくれれば、その先の答えはきっと出ると思います。個人的には、これからもずっと関わっていきたいですし、できれば最後までずっと作っていきたいと思っています。

JUNICHI OMINO

総合演出

乾 雅人

1997年9月の第1回大会より『SASUKE』の演出を担当、現在は総合演出を務めている乾雅人。
文字通り『SASUKE』を創った男が語る、日本が世界に誇るスポーツ・エンターテインメントの最高峰『SASUKE』の現在、過去、そして未来——。

SASUKE STAFF INTERVIEW

文：林 和弘（編集部）
写真：松崎浩之

東京オリンピック 鳩と一緒に生まれて

——今回インタビューさせていただくにあたって乾さんのことをリサーチし驚いたのですが、乾さんのお生まれは1964年10月10日、東京オリンピックの開幕日なんですね。

乾 そうなんですよ。僕の生まれは北海道の釧路なんです。それで当然、産婦人科の方も東京オリンピックの開会式なのでテレビ中継見たいわけですよね。なのに僕が生まれるから見れない（笑）。それで迷惑をかけたっていうところから僕は生まれてきてるんですよ。親戚はみんな、開会式のファンファーレが鳴って鳩が飛ぶ瞬間に生まれたから「めでてえな、この子は」「鳩と一緒に生まれてきたわ」って（笑）。

——そんな乾さんが総合演出を担当されている『SASUKE』をベースとした競技がオリンピック近代五種のひとつに採用された、というのは出来すぎな気もしますね（笑）。

乾 そうですね（笑）。でも、正式に決まったっていうのを誰も教えてくれなかったんですよ。（SnowManの）岩本照くんから「おめでとうございます！」ってLINEが来て。そこにURLが貼ってあって「本当に決まったんだ」っていう。

——事前に知っていたわけではなかったんですね（笑）。

乾 岩本くんのほうが先（笑）。でも、光栄なことだなと思います。

100人100種類の職業 一番すごい職業は誰だ?

——『SASUKE』は『筋肉番付』の1コーナーとして1997年9月に第1回大会が行われていますが、そもそも、どういうきっかけでスタートしたんでしょうか?

乾 『筋肉番付』のレギュラー番組が1995年から始まっていて、春と秋に2時間スペシャルを放送していたんです。1997年の春は逆立ちでアトラクションをクリアしていく「ハンドウォーク」のスペシャルバージョンをやって視聴率も良かったんですよ。じゃあ、今度は秋のスペシャルで何をやるか？ってなったとき、逆立ちをもう一度やるのもなんだから、当時『筋肉番付』のオープニングコーナーでやっていた「自転車で難関コースをクリアしていく」「竹馬に乗ってクリアしていく」っていうのを身体ひとつでやれば良いんじゃないか？というのが会議で上がって。それで当時のプロデューサーに「そういうのをやりたいんだ」「コンセプトは忍者」っていうキーワードだけを渡されて考え始めたのがきっかけです。

——そして迎えた第1回大会、具体的にはどのように制作されたのですか?

乾 「そもそも何人出るのよ?」っていうところで100人。100人100種類の職業がやって来て障害物をクリアしていく。テーマは「日本で一番すごい職業の人は誰だ?」。そういうコンセプトにすれば、たとえば初めて『SASUKE』を見たとき、地下鉄の職員さんたちが「地下鉄の職員が出てるじゃん」。電気屋さんは電気屋さんで「電気屋が出てるじゃん」っていうので視聴率につながるんじゃないかっていう。そこがまずベースですね。

――なるほど。だから、職業が細かいんですね。

乾　次に「どういうゲームにしていくか？」ということを考えたときに「地べたから徐々に上がっていくストーリーにしよう」と。そう考えたとき何かモチーフになるものはないかなって思っていたら、スタジオジブリの『天空の城ラピュタ』という映画があったじゃないですか？　あれって雷雲の中に隠れている浮遊大陸がずっと移動していくモチーフだったので、『SASUKE』も浮遊大陸にしよう。年に一度、日本に浮遊大陸がやって来て、日本全国からそこを目指して100人のいろいろな人たちがチャレンジしに行く。それは古代から行われていた儀式で、最初に着陸したところ、雲を抜けたところが水と草と遺跡群になってるから1stステージは遺跡群なんですよ。

――確かに1stステージは遺跡っぽいですね。水もフィーチャーされてますし。

乾　それで2ndステージは動力源、『ラピュタ』でいうところの飛行石の動力源が必要なので、虎模様のガムテープで機械っぽい感じに。3rdステージは『ラピュタ』って一番下は蔦がいっぱいぶら下がってるじゃないですか。そこから落ちると地面まで落ちていくという形で3rdステージは全部ぶら下がるものにしたんです。じゃあ、FINALステージは何なのかっていうと、『ラピュタ』にはそういう物語はないんですけど『SASUKE』という浮遊大陸の中にロケットが埋め込まれていて、ゴールのボタンを押すと中からロケットが出てくる。FINALステージってロケットの発射台みたいになってるんですけど、それに乗って宇宙へ脱出できる、という物語なんです。そういう物語として『SASUKE』のコンセプトを作って、それがベースにして各ステージを作っているという。

――それを聞くと、確かにそう見えますね。

乾　それが元々のコンセプト。誰にも言ってないですけど、いまもブレてないです。そこは絶対にブレないようにしています。

たった1日だけ ヒーローになれる日を

――そういった形でスタートした『SASUKE』が、結果として現在のように世界で盛り上がり、一種異様なモンスター番組になることは予想されていましたか？

乾　僕は元々、ゲームアトラクション番組は苦手で、ドキュメンタリーを作りたいと思っていたんです。ゲーム番組を作るなんて思ってなかったから、実は嫌々始めたんです、『SASUKE』は。そんな中で、第3回大会で山田さんがFINALステージまで行ってダメで。そこで人間模様っぽくなった。減量して挑んだのにダメだったっていう。それで、その翌年に毛ガニの秋山くんが完全制覇。そこで実は彼が弱視なんですっていうことを発表して、急にドキュメンタリー志向になった。そこから選手の人生模様とトレーニング、家族が増えた、仕事をリストラされたみたいなことをベースに描くようになってきたんです。そこで番組が大きく化けた。フィールドアスレチックをクリアしていく番組のままだったら、3年か4年で終わったと思います。山田勝己の登場と、毛ガニの秋山。（『筋肉番付』の）腕立て伏せから始まった彼らが人生模様を描かせてもらうモチーフになって、それを背負ってくれた。彼らが番組をシフトさせてくれたキーパーソンだったのは間違いないですね。

――そういった人間模様、ヒューマンドキュメンタリーとしての『SASUKE』というお話に関して、今回いろいろな方に取材をする中で『SASUKE』の面白さを再確認すると同時に、とても残酷な番組であるとも思いました。たとえば山田さんのような一般の方に「自分には『SASUKE』しかないんだ」と言わせてしまう。毛ガニの秋山さんは「完全制覇をするには、いろんなものを犠牲にしなければならない」とおっしゃっている。しかも、そこまで努力しても一瞬のミスでリタイア、また次の1年が始まる。結果として、そういった多くの人の人生を変えるモンスター番組を生み出した乾さんは、そのことをどう思われますか。

乾　そうですね……人間って大人も子どもも生きていて、努力したことが報われる瞬間なんて、ほとんどないわけじゃないですか。『SASUKE』は、そういう番組じゃないとダメだと思うんです。毎回毎回完全制覇して、毎回ゴールできて、毎回毎回自分の課題をクリアしていくなんて、ありえないわけだから。その現実をまざまざと見せつける番組であろうっていうことは決めてるんです。努力の先に何があるのか確かめに来たのに、その前でダメだった。でも人間ってそういうものなんじゃないの？　っていうのをベースに作らないとダメかなっていうのが根本にあるんです。練習した奴が必ず結果を出して、すごいパフォーマンスをしていくなんてありえないですから。残酷でないといけないのは、たとえば前回の40回大会で森本がFINALステージをあとコンマ数秒でクリアできなかった。それで今年同じセットをやったら、今度はクリアすることになると思うんですよ。だから変えていく。クリアさせないようにする。同じことを繰り返していけば必ず合格できる。勝つことができる、みたいなことってないわけだから。世の中ってそう

MASATO INUI

新エリアを乗り越えてくる人がいたら僕の負け。そこを勝負したいなと思っています。

いうことの繰り返しですよ。去年惜しかったから今年は行けるってもんじゃないでしょうっていうベースメントがないと、『SASUKE』という番組は死んでしまうかなっていうのがあるんですね。だから彼らに期待するのは、「やってもダメ、やってもダメっていうのが繰り返されるけど、いつかどこかで1回だけ、一瞬だけチャンスがやってくる。それをものにできるようにやってきてください」ということです。森本の前回は、それだったんですよ。森本がやってきてたらクリアできる回だったんです。そこでできなかったから、次はできないようにする。

——そこが『SASUKE』の本質なんですね。

乾　1年のうち364日スーツを着て満員電車に揺られて、上司に怒られる生活をしている人。誰にも見られないで魚を捕り続けて「今日は不漁ですね」っていう364日を送っている漁師さん。そんな中で、たった1日だけヒーローになれる日を作ってあげたい。『SASUKE』がそういう輝かしい場所になるように僕らも準備をして照明を作り、カッコ良く見えるようにVTRを作り、音楽も選曲をして、彼らがヒーローになれる場所を作る。それは、ずっと大事にしています。変わらないですね。

総合演出として いちファンとして

乾　岩本くんが言ってたんですけど、「緑山という現場はクリアした奴がカッコ良くて、どんなに普段ステージでカッコ良くて、何万人を集めるステージに立っていても、緑山ではまったく通用しない。〝ザスケくん、かっけえ！〟ってなっちゃうんですよ。普段タレントをやっていたら絶対、自分をカッコ良く見せてやるって思って仕事をしてるわけですけど、それが緑山ではまったく違う。そんな番組、現場ないですよ」って。

——それは『SASUKE』ならでは、ですね。

乾　だから、そういう場所を作り続けていくことって、とても大事で。誰が一番輝いているのかっていうことをヒエラルキーとして作っていく。森本裕介が緑山では一番カッコいいっていう瞬間を作ることができれば、タレントさんも楽しく、水に落っこちても「わ〜」って言ってくれる。そういうフィールドに『SASUKE』がなってきたのが大きいなって思うんですよ。今年、1stステージに新エリアを入れてあるんですけれど、それをご覧になっていただくとわかると思いますよ、我々は何がしたいのかっていうのが。

——楽しみにしてます。最後に、乾さんが第41回大会に期待していること、楽しみにしていることを「総合演出」としての立場と「いちファン」としての立場、ふたつの目線からひと言ずつお願いできますか。

乾　「総合演出」の立場としては、今年は新エリアを入れたので、そこをどう乗り越えていくのか。僕はいつも3rdステージで全滅しても構わないと思ってエリアを作ってるんです。前回は3人がFINALステージに進出して、これからも増えて4人になり5人になりって思っている方もいらっしゃるでしょうし、森本裕介が完全制覇できるチャンスが次だって思っている方もいますけど、その夢を打ち砕くように3rdステージにも新エリアを入れました。それを乗り越えてくる人たちがいたら僕の想像以上のトレーニングをして対策をしてきたプレイヤーが新エリアを乗り越えるのか、はたまた3rdステージ全滅で僕の勝ちなのか。そこを勝負をしたいなと思っております。

——では、「いちファン」としては？

乾　『SASUKE』ファンとしては、世代交代が始まってオールスターズ、山田さん、長野さんが今回もご出場されて、さらに息子さん世代までやって来る。オールスターズ世代、新世代、森本世代、さらにその下っていう4世代に渡る出場者が集まってきたので、彼らがどんな世代交代をするのか、しないのか。それがスタートする回だと思っています。

——今年は『SASUKE甲子園』もあり、青山学院高等部からも出場しますね。

乾　こんな広い世代が頂上を目指してやるなんて、なかなかないですよ。長くやっていると、こういう日が来るんだなって思いますよね。みんな『SASUKE』に対して愛情がある人たちですし。そういう場所に来ている人たちが楽しんでいる姿を僕も楽しみたいな、と思います。

MASATO INUI

乾 雅人　1964年10月10日生まれ、岐阜県出身。大学中退後、ADとしてテレビ制作の道へ。その後『クイズ100人に聞きました』『M10』など多数の番組を手がけ、1997年より『筋肉番付』にて『SASUKE』の演出を担当。第28回大会からは総合演出を務めている。

1997-2022

ALL RECORDS OF SASUKE

1997年9月の第1回大会から
2022年の第40回大会まで、
出場選手の汗と涙と
ド根性のすべてがここに!!
さらにQRコードで
プレイバックも楽しめる!!

永久保存版

SASUKE
第1回大会～第40回大会
全記録

※個人情報保護の観点から出場選手の「個人名」は掲載しておりません。
※「ゼッケン番号」「職業／肩書」「結果」は未放送を含む現存しているデータとなります。
（一部、データ不明の大会が含まれます）
※掲載している「職業／肩書」は各大会が行われた当時のデータに準じています。

第1回大会 SASUKE1997秋

放送：1997年9月27日（土）19:00〜20:53

DATA

1st STAGE	クリア 23	①滝登り ②ぶら下がり丸太 ③滝下り ④そそり立つ壁 ⑤揺れる橋 ⑥丸太下り ⑦フリークライミング ⑧壁のぼり
2nd STAGE	クリア 6	①スパイダーウォーク ②動く壁 ③スパイダークライム ④5連ハンマー ⑤逆走コンベアー ⑥WALL LIFTING
3rd STAGE	クリア 4	①ポールブリッジ ②プロペラ雲梯 ③針山
FINAL STAGE	完全制覇 0	①綱登り(15m)

記念すべき『SASUKE』第1回大会！『筋肉番付スペシャル』の1企画として行われ、おなじみ山田勝己、山本進悟、ケイン・コスギが登場。開催地は『SASUKE』史上唯一となる屋内、千葉県浦安にあった東京ベイNKホールだった。

	職業／肩書き	結果／リタイアエリア
1	会社員	1st／⑦フリークライミング
2	伊藤ハムハスキーズ	2nd／①スパイダーウォーク
3	茅ヶ崎高校バスケットボール部 主将	1st／③滝下り
4	茅ヶ崎高校バレーボール部 副主将	1st／①滝登り
5	立教高校レスリング部 主将	1st／⑤揺れる橋
6	立教高校陸上部 主将	1st／⑦フリークライミング
7	ガソリンスタンド店員	2nd／④5連ハンマー
8	トラック運転手	1st／⑦フリークライミング
9	アマチュアキックボクサー	1st／③滝下り
10	東洋大学キックボクシング部1年生	1st／③滝下り
11	東洋大学キックボクシング部3年生	1st／⑦フリークライミング
12	東京理科大学ラグビー部4年生	1st／⑧壁のぼり
13	東京理科大学ラグビー部4年生	1st／③滝下り
14	俳優	1st／①滝登り
15	東京大学ラクロス部1年生	1st／⑦フリークライミング
16	スノーボードA級インストラクター	1st／①滝登り
17	スノーボード輸入業	1st／③滝下り
18	トラック運転手	3rd／①ポールブリッジ
19	学習院大学ラグビー部 前主将	1st／⑦フリークライミング
20	学習院大学ラグビー部2年生	1st／⑦フリークライミング
21	学習院大学サッカー部 前主将	1st／③滝下り
22	JAC	2nd／④5連ハンマー
23	スノーボードスクール校長	1st／⑦フリークライミング
24	元バイクレーサー	1st／③滝下り
25	フリークライミングインストラクター	2nd／②動く壁
26	フィットネスジムインストラクター	1st／⑧壁のぼり
27	フィットネスジムインストラクター	1st／⑧壁のぼり
28	上智大学ハンドボール部4年生	1st／③滝下り
29	上智大学少林寺拳法部 主将	1st／③滝下り
30	上智大学応援団1年生	1st／⑦フリークライミング
31	筑波大学水泳部4年生	2nd／①スパイダーウォーク
32	プロキックボクサー	1st／③滝下り
33	駿河大学サッカー部2年生	1st／③滝下り
34	中央学院大学3年生	1st／⑧壁のぼり
35	明治学院大学スキーサークル2年生	1st／③滝下り
36	明治学院大学スキーサークル4年生	1st／③滝下り
37	日本歯科大学サッカー部2年生	1st／③滝下り
38	立命館大学サッカー部2年生	1st／②ぶらさがり丸太
39	彫金師	1st／①滝登り
40	とび職	2nd／④5連ハンマー
41	卸し業	1st／⑧壁のぼり
42	東京女子大学グランドホッケー部4年生	1st／①滝登り
43	横浜国立大学ヨット部1年生	2nd／リタイア
44	会社員	1st／⑧壁のぼり
45	バーテンダー	1st／①滝登り
46	フリーター	1st／①滝登り
47	東京医科大学スキー部1年生	2nd／リタイア
48	保険会社	1st／③滝下り
49	アクロ体操世界選手権6位	FINAL／①綱登り(15m)
50	コマーシャル照明	1st／⑦フリークライミング

	職業／肩書き	結果／リタイアエリア
51	早稲田大学バスケットボールサークル3年生	1st／③滝下り
52	早稲田大学バスケットボールサークル2年生	1st／①滝登り
53	アマチュアボクサー	1st／③滝下り
54	アマチュアボクサー	2nd／⑥WALL LIFTING
55	アマチュアボクサー	1st／③滝下り
56	早稲田大学剣道同好会4年生	1st／③滝下り
57	早稲田大学剣道部4年生	1st／③滝下り
58	大工	1st／②ぶらさがり丸太
59	自衛隊員	2nd／①スパイダーウォーク
60	千歳丘高校野球部 監督	1st／①滝登り
61	タレント	1st／①滝登り
62	国際武道大学陸上部4年生	1st／③滝下り
63	ボディボードインストラクター	1st／③滝下り
64	土木作業員	2nd／リタイア
65	精肉店	1st／⑦フリークライミング
66	競輪選手	1st／①滝登り
67	競輪選手	1st／⑤揺れる橋
68	競輪選手	1st／⑧壁のぼり
69	日光江戸村の忍者	1st／③滝下り
70	パラグライダー販売	1st／⑦フリークライミング
71	あんこ屋	1st／⑤揺れる橋
72	桐朋学園短大1年生	FINAL／①綱登り(15m)
73	都営地下鉄職員	1st／③滝下り
74	とび職	1st／①滝登り
75	日立ラグビー部	1st／③滝下り
76	フリーター	2nd／リタイア
77	東洋大学2年生	1st／①滝登り
78	東京農業大学バスケットボール部2年生	2nd／⑥WALL LIFTING
79	国士舘大学バスケットボール部2年生	1st／⑧壁のぼり
80	慶應義塾大学スキーサークル4年生	1st／⑦フリークライミング
81	プロレスラー	1st／①滝登り
82	フィットネスジムインストラクター	1st／①滝登り
83	ボディビルダー	1st／①滝登り
84	ハンドボール世界選手権出場	1st／③滝下り
85	焼肉店	1st／②ぶらさがり丸太
86	中央大大学水泳部4年生	1st／③滝下り
87	自衛隊員	1st／③滝下り
88	サーファー	2nd／①スパイダーウォーク
89	アクション俳優	3rd／①ポールブリッジ
90	スキー全日本選手権大回転優勝	2nd／④5連ハンマー
91	会社員	1st／⑧壁のぼり
92	クイックマッスル全国大会準優勝	2nd／④5連ハンマー
93	東京大学少林寺拳法部4年生	1st／⑤揺れる橋
94	バルセロナ五輪体操床銀メダル	2nd／④5連ハンマー
95	体操教室講師	1st／⑧壁のぼり
96	日光江戸村の忍者	FINAL／①綱登り(15m)
97	アニマル梯団	FINAL／①綱登り(15m)
98	慶應義塾高等学校山岳部 主将	1st／⑧壁のぼり
99	フリークライマー	1st／③滝下り
100	元WBC世界Jバンタム級チャンピオン	1st／②ぶらさがり丸太

第2回大会 SASUKE1998秋

放送：1998年9月26日（土）19:00〜20:54

DATA

STAGE	クリア	エリア
1st STAGE	34	①丸太登り ②ぶら下がり丸太 ③丸太下り ④そそり立つ壁 ⑤揺れる橋 ⑥フリークライミング ⑦壁登り
2nd STAGE	9	①スパイダーウォーク ②動く壁 ③スパイダークライム ④5連ハンマー ⑤逆走コンベアー ⑥WALL LIFTING RUN
3rd STAGE	2	①ポールブリッジ ②プロペラ雲梯 ③ハングムーブ ④パイプスライダー
FINAL STAGE	完全制覇 0	①綱登り(15m)

聖地・緑山に『SASUKE』がやってきた！「クイックマッスル全日本選手権」で山田勝己と激闘を展開、後に初の完全制覇者となる元毛ガニ漁師・秋山和彦が初登場。女優・スタントマン田邊智恵が女性初となる1stステージクリアを達成した。

	職業／肩書き	結果／リタイアエリア
1	フィットネスクラブインストラクター	1st／①丸太登り
2	インターネットプロバイダー 経営	2nd／⑥WALL LIFTING RUN
3	トラック運転手	2nd／③スパイダークライム
4	和風スナック「心」店長	1st／①丸太登り
5	とび職	2nd／リタイア
6	横浜市大医学部ラグビー部4年生	1st／①丸太登り
7	品川区立伊藤中学3年生	1st／①丸太登り
8	中学3年生	1st／⑤揺れる橋
9	土木建築作業員	2nd／リタイア
10	自衛官	1st／③丸太下り
11	スタントマン	2nd／③スパイダークライム
12	OL	1st／⑦壁登り
13	フィットネスジムインストラクター	1st／リタイア
14	会社員	1st／⑦壁登り
15	大和市消防本部	1st／①丸太登り
16	三菱商事	1st／リタイア
17	一橋大学ボート部2年生	1st／⑦壁登り
18	解体工	2nd／③スパイダークライム
19	解体工	2nd／③スパイダークライム
20	ガソリンスタンド店員	3rd／④パイプスライダー
21	東京ガス	1st／①丸太登り
22	住友商事	1st／リタイア
23	佐川急便セールスドライバー	2nd／リタイア
24	エンジニア	1st／①丸太登り
25	日本女子体育短大1年生	1st／リタイア
26	茅ヶ崎ケーブルテレビ	1st／リタイア
27	三菱商事	1st／リタイア
28	日大鶴ヶ丘高校陸上部2年生	1st／①丸太登り
29	日本発条 営業	1st／リタイア
30	とび職	3rd／④パイプスライダー
31	SONY携帯電話商品企画	1st／リタイア
32	石油会社勤務	2nd／リタイア
33	下水道機器設計	1st／リタイア
34	資格試験受験中	1st／リタイア
35	都立豊島高校	2nd／リタイア
36	東京ガス	1st／リタイア
37	みちのくプロレス	1st／③丸太下り
38	JR総武線 運転士	1st／リタイア
39	歌手	2nd／⑥WALL LIFTING RUN
40	栄光学園 教師	1st／リタイア
41	女優・スタントマン	2nd／①スパイダーウォーク
42	大工	3rd／④パイプスライダー
43	2トントラック運転手	2nd／④5連ハンマー
44	タレント	1st／リタイア
45	東芝 技術者	1st／リタイア
46	日本通運	1st／リタイア
47	タクシー運転手	1st／③丸太下り
48	誌編集アシスタント	2nd／リタイア
49	ラーメン屋	1st／リタイア
50	サラリーマン	1st／①丸太登り
51	埼玉県立川口工業高校3年生	1st／リタイア
52	日大鶴ヶ丘高校陸上部2年生	1st／①丸太登り
53	とび職	1st／リタイア
54	三菱石油	1st／リタイア
55	横浜大医学部ラグビー部6年生	1st／②ぶら下がり丸太
56	埼玉県立川口工業高校3年生	2nd／①スパイダーウォーク
57	日本大学体育学科3年生	2nd／③スパイダークライム
58	スカッシュインストラクター	1st／リタイア
59	S&Bトレーナー	2nd／リタイア
60	フリーター	1st／リタイア
61	大工	1st／リタイア
62	KMタクシードライバー	1st／リタイア
63	自衛官	1st／①丸太登り
64	一橋大学ボート部3年生	2nd／④5連ハンマー
65	日光江戸村忍者	3rd／④パイプスライダー
66	日本大学陸上部	2nd／リタイア
67	喫茶店「麦」	1st／①丸太登り
68	都立高島高校3年生	1st／リタイア
69	日本大学陸上部3年生	1st／リタイア
70	佐川急便	3rd／④パイプスライダー
71	公認会計士（勉強中）	1st／リタイア
72	大和市消防本部	1st／③丸太下り
73	体育大予備校講師	1st／②ぶら下がり丸太
74	フィットネスクラブ	1st／①丸太登り
75	米海軍横須賀基地	1st／①丸太登り
76	桐朋学園短大2年生	2nd／④5連ハンマー
77	通信工事士	1st／②ぶら下がり丸太
78	日本選手権4×100mリレー1位	1st／①丸太登り
79	会社員	1st／①丸太登り
80	JTB	1st／リタイア
81	中国雑技団員	1st／①丸太登り
82	米海軍横須賀基地	1st／⑤揺れる橋
83	東京大学大学院1年生	3rd／④パイプスライダー
84	タレント	2nd／③スパイダークライム
85	サーフショップ経営	1st／リタイア
86	サーフショップ店員	1st／リタイア
87	トラック運転手	1st／リタイア
88	俳優	2nd／⑥WALL LIFTING RUN
89	JR総武線 車掌	1st／⑥フリークライミング
90	タレント	1st／②ぶら下がり丸太
91	ボンベ配送業	2nd／③スパイダークライム
92	みちのくプロレス	1st／①丸太登り
93	まき網船員	2nd／⑥WALL LIFTING RUN
94	利根コカコーラボトリング	1st／リタイア
95	タレント	3rd／④パイプスライダー
96	ボブスレー日本代表	1st／③丸太下り
97	アトランタ五輪体操日本代表	FINAL／①綱登り(15m)
98	東急ハンズ キッチン用品担当	1st／リタイア
99	アニマル梯団	FINAL／①綱登り(15m)
100	元毛ガニ漁師	2nd／⑥WALL LIFTING RUN

第3回大会 SASUKE1999春

放送：1999年3月13日（土）19:00～20:54

DATA

STAGE	クリア	エリア
1st STAGE	13	①丸太登り ②ローリング丸太 ③揺れる橋 ④丸太下り ⑤そそり立つ壁 ⑥ターザンジャンプ ⑦ロープクライム
2nd STAGE	6	①スパイダーウォーク ②動く壁 ③スパイダークライム ④5連ハンマー ⑤逆走コンベアー ⑥WALL LIFTING RUN
3rd STAGE	5	①ポールジャンプ ②プロペラ雲梯 ③ハングムーブ ④パイプスライダー
FINAL STAGE	完全制覇 0	①綱登り(15m)

FINALへの進出者が史上最多の5人となった第3回大会。悲願の完全制覇に向けて13kgという過酷な減量を行い、見事にFINALまで進出した山田勝己だったが……。「ミスターSASUKE」の伝説は、ここから始まった！

	職業／肩書き	結果／リタイアエリア
1	自衛隊	1st／⑥ターザンジャンプ
2	元暴走族特攻隊長	1st／②ローリング丸太
3	インターネットプロバイダー経営	1st／リタイア
4	東京大学アメフト部	1st／②ローリング丸太
5	英会話教師	1st／②ローリング丸太
6	まき網船員	1st／⑦ロープクライム
8	中学2年生	1st／①丸太登り
9	プロボクサー	1st／リタイア
10	日光江戸村 忍者	3rd／④パイプスライダー
11	海上自衛官	1st／リタイア
12	タレント	1st／②ローリング丸太
13	ガソリンスタンド店員	FINAL／①綱登り(15m)
14	バドミントン選手	1st／リタイア
15	日大軟式野球部3年生	1st／リタイア
16	成東高校2年生	1st／リタイア
17	瓦職人・元スタントマン	2nd／①スパイダーウォーク
18	東京ガス	1st／リタイア
19	バドミントン県大会ベスト8	1st／③揺れる橋
20	俳優	1st／リタイア
21	ラクロス日本代表候補	1st／リタイア
22	日本体育大学陸上部	1st／リタイア
23	日本体育大学陸上部	1st／リタイア
24	広告代理店	1st／リタイア
25	銀行員	1st／リタイア
27	バイクショップ経営	1st／リタイア
28	ケイン・コスギの弟	1st／②ローリング丸太
29	日本体育大学陸上部	1st／リタイア
30	会社員	1st／リタイア
31	障害者更生施設指導員	1st／リタイア
32	元FJ1600レーサー	1st／リタイア
33	日清製粉	1st／リタイア
34	アマチュア格闘家	2nd／④5連ハンマー
35	フリーター	1st／リタイア
36	塗装業	1st／リタイア
37	アクション俳優	1st／②ローリング丸太
38	地方公務員	1st／②ローリング丸太
39	スタントマン	1st／①丸太登り
40	サッカーコーチ	1st／リタイア
41	慶應義塾高等学校野球部	1st／リタイア
42	サラリーマン	1st／②ローリング丸太
43	消防団員	1st／リタイア
44	空手道場指導員	1st／リタイア
45	日本体育大学陸上部	1st／リタイア
46	セパタクロー日本代表	1st／リタイア
47	元ジェフユナイテッド市原DF	1st／①丸太登り
48	元神戸大学体操部 キャプテン	1st／③揺れる橋
49	とび職	FINAL／①綱登り(15m)
50	東京学芸大学3年生	1st／②ローリング丸太

	職業／肩書き	結果／リタイアエリア
51	小学校教諭	1st／リタイア
52	早稲田大学2年生	1st／リタイア
53	日本体育大学陸上部	1st／リタイア
54	大工	FINAL／①綱登り(15m)
55	トラックドライバー	1st／リタイア
56	成東高校2年生	1st／リタイア
57	慶應義塾大学ラクロス部	1st／⑦ロープクライム
58	東京大学アメフト部	1st／⑦ロープクライム
59	役者志望	1st／リタイア
60	不動産営業	1st／リタイア
61	フリーター	1st／リタイア
62	東京ガス	1st／リタイア
63	自衛隊	1st／⑦ロープクライム
64	タレントマネージャー	1st／リタイア
65	工場勤務	1st／リタイア
66	元ラグビー日本代表候補	1st／リタイア
67	英会話学校講師	1st／リタイア
68	東京理科大工学部1年生	1st／リタイア
69	日大三島高校陸上部3年生	2nd／⑥WALL LIFTING RUN
70	会社員	1st／リタイア
71	プロボクサー	1st／リタイア
72	塗装業	2nd／①スパイダーウォーク
73	光明相模原高校3年生	1st／③揺れる橋
74	農家	1st／リタイア
75	中学1年生	1st／リタイア
76	サーファー	1st／②ローリング丸太
77	東京理科大学1年生	1st／リタイア
78	慶應義塾高等学校野球部エース	1st／④丸太下り
79	日本体育大学陸上部	1st／リタイア
80	ティップネスインストラクター	1st／リタイア
81	9分間腕立て伏せ記録保持者	2nd／③スパイダークライム
82	みちのくプロレス	1st／⑤そそり立つ壁
83	とび職	1st／①丸太登り
84	アトランタ五輪体操日本代表	1st／②ローリング丸太
85	リラクゼーション店経営	1st／②ローリング丸太
86	求職中	1st／リタイア
87	寿司職人	1st／④丸太下り
89	ボンベ配送業	FINAL／①綱登り(15m)
90	横浜刑務所 勤務	1st／リタイア
91	元西武ライオンズ外野手	1st／②ローリング丸太
92	レスキュー隊	1st／⑤そそり立つ壁
93	スタントマン	1st／②ローリング丸太
94	日光江戸村 忍者	1st／②ローリング丸太
95	元ベルマーレ平塚FW	1st／④丸太下り
96	元プロボクサー	1st／③揺れる橋
97	東京大学大学院	1st／⑦ロープクライム
98	ライフセイバー	2nd／②動く壁
99	元毛ガニ漁師	2nd／⑥WALL LIFTING RUN
100	アニマル梯団	FINAL／①綱登り(15m)

第4回大会 SASUKE1999秋

放送：1999年10月16日（土）19:00～20:54

DATA

STAGE	クリア	エリア
1st STAGE	クリア 37	①丸太登り ②ローリング丸太 ③揺れる橋 ④丸太下り ⑤そそり立つ壁 ⑥ターザンジャンプ ⑦ロープクライム
2nd STAGE	クリア 11	①スパイダーウォーク ②動く壁 ③スパイダークライム ④5連ハンマー ⑤逆走コンベアー ⑥ウォールリフティング
3rd STAGE	クリア 1	①ポールジャンプ ②プロペラ雲梯 ③アームバイク ④クリフハンガー ⑤パイプスライダー
FINAL STAGE	完全制覇 1	①綱登り（15m）

元毛ガニ漁師の秋山和彦が初の完全制覇を成し遂げた第４回大会。そして初めて明かされた、秋山の目の障がい――。スポーツ・エンターテインメント『SASUKE』がヒューマンドキュメンタリーとして大きく舵を切った記念すべき大会。

	職業／肩書き	結果／リタイアエリア
1	フィットネスジムインストラクター	2nd／⑤逆走コンベアー
2	ラクロスU－19日本代表	1st／①丸太登り
3	小学校教諭	3rd／⑤パイプスライダー
4	サーフショップ店長	1st／②ローリング丸太
5	美容師	1st／リタイア
6	水道業	1st／リタイア
7	障害者福祉施設	1st／リタイア
8	'99準ミス東京	1st／①丸太登り
9	会社員	1st／リタイア
10	イタリアンレストランウェイター	1st／リタイア
11	広告代理店	1st／④丸太下り
12	すし職人	1st／リタイア
13	電気工事士	1st／②ローリング丸太
14	ゴルフ場芝管理	2nd／リタイア
15	配管工	1st／リタイア
16	元プロボクサー	1st／②ローリング丸太
17	せんべい職人	1st／①丸太登り
18	刑務所看守	1st／リタイア
19	小学校教諭	1st／リタイア
20	弁当配達員	2nd／④5連ハンマー
21	双子の弟	1st／リタイア
22	双子の兄	2nd／リタイア
23	東京大学体操部 主将	1st／リタイア
24	印刷業	1st／リタイア
25	とび職	1st／リタイア
26	洋服販売員	1st／①丸太登り
27	パン屋	1st／リタイア
28	スポーツメーカー販売員	2nd／リタイア
29	英語講師	1st／リタイア
30	中華料理人	1st／リタイア
31	元陸上自衛隊員	1st／②ローリング丸太
32	久留米大学4年生	1st／リタイア
33	スタントマン	1st／リタイア
34	福岡大学3年生	1st／リタイア
35	元レンジャー隊員	2nd／リタイア
36	東海大学2年生	1st／リタイア
37	LLPWシングルチャンピオン	1st／①丸太登り
38	メッセンジャー	1st／リタイア
39	元暴走族特攻隊長	1st／①丸太登り
40	とび職	3rd／⑤パイプスライダー
41	日本体育大学2年生	1st／②ローリング丸太
42	東京大学大学院	1st／リタイア
43	アクロ体操世界選手権6位	3rd／④クリフハンガー
44	タレント	1st／②ローリング丸太
45	京都大学工学部4年生	2nd／リタイア
46	日光江戸村 忍者	1st／リタイア
47	トレーナー	2nd／③スパイダークライム
48	建築業	2nd／リタイア
49	建築業	1st／リタイア
50	OL	1st／リタイア
51	サラリーマン	1st／④丸太下り
52	スポーツメーカー	2nd／①スパイダーウォーク
53	山崎パン 営業	2nd／①スパイダーウォーク
54	高校ラグビー部1年生	2nd／リタイア
55	居酒屋 経営	2nd／④5連ハンマー
56	市立船橋高校3年生	2nd／①スパイダーウォーク
57	ラクロスU-19日本代表	1st／③揺れる橋
58	東海大学陸上部	1st／リタイア
59	プロシューター	1st／リタイア
60	自動車販売店 経営	1st／リタイア
61	草野球日本一	1st／③揺れる橋
62	消防士	1st／リタイア
63	播磨町役場	1st／③揺れる橋
64	タレント	3rd／①ポールジャンプ
65	東海大学陸上部	2nd／リタイア
66	近大付属高校 教諭	1st／リタイア
67	私立校非常勤講師	1st／リタイア
68	建築塗装アルバイト	1st／リタイア
69	沖電気工業ソフトウェア開発	1st／リタイア
70	元アメフト大学日本代表	2nd／③スパイダークライム
71	フリークライマー	3rd／④クリフハンガー
72	相模女子短大1年生	1st／リタイア
73	消防士	2nd／①スパイダーウォーク
74	団体職員	1st／リタイア
75	柔道歴19年	2nd／リタイア
76	自動車板金工	2nd／①スパイダーウォーク
77	NTT東日本ラグビー部	2nd／①スパイダーウォーク
78	プロライフセイバー	2nd／③スパイダークライム
79	お笑いグループ「COLORS」リーダー	2nd／③スパイダークライム
80	メッセンジャー	1st／リタイア
81	モンスターBOX世界記録保持者	3rd／⑤パイプスライダー
82	冷凍商品倉庫	2nd／④5連ハンマー
83	林業	1st／②ローリング丸太
84	ラクロスU-19日本代表	1st／②ローリング丸太
85	プロライフセーバー	1st／⑦ロープクライム
86	元毛ガニ漁師	FINAL／完全制覇
87	山岳ガイド	2nd／リタイア
88	ボディビルダー	1st／③揺れる橋
89	最年長出場者	1st／②ローリング丸太
90	元WBAスーパーフェザー級チャンピオン	1st／②ローリング丸太
91	プロボディガード	2nd／②動く壁
92	横須賀海上自衛隊	1st／リタイア
93	陸上自衛隊久里浜駐屯地	2nd／①スパイダーウォーク
94	ダイバー	3rd／⑤パイプスライダー
95	東京大学大学院2年生	3rd／④クリフハンガー
96	俳優	1st／⑦ロープクライム
97	俳優	3rd／④クリフハンガー
98	ガソリンスタンド店員	1st／③揺れる橋
99	アニマル梯団	1st／②ローリング丸太
100	ボンベ配送業	3rd／④クリフハンガー

第5回大会 SASUKE2000春

放送：2000年3月18日（土）19:00〜20:54

DATA

STAGE	クリア	エリア
1st STAGE	3	①丸太登り ②ローリング丸太 ③揺れる橋 ④ジャンプハング ⑤そり立つ壁 ⑥ターザンジャンプ ⑦ロープクライム
2nd STAGE	1	①タックルマシーン ②スパイダーウォーク ③5連ハンマー ④逆走コンベアー ⑤ウォールリフティング
3rd STAGE	0	①プロペラ雲梯 ②ボディプロップ ③アームバイク ④クリフハンガー ⑤パイプスライダー

新エリア・ジャンプハングとそり立つ壁が猛威をふるい、1stステージでのリタイアが続出した第５回大会。100人全滅の危機が迫る中、ただひとり3rdステージに進出したのは当時25歳の山本進悟だった。

	職業／肩書き	結果／リタイアエリア
1	海上自衛隊横須賀基地 教官	1st／②ローリング丸太
2	佐川急便セールスドライバー	1st／②ローリング丸太
3	東京ガスラグビー部	1st／②ローリング丸太
4	モデル	1st／②ローリング丸太
5	陸上自衛官	1st／②ローリング丸太
6	近大付属高校体操部 キャプテン	1st／①丸太登り
7	観光バス運転手	棄権
8	米海軍外科看護士	1st／③揺れる橋
9	ガソリンスタンド所長	1st／②ローリング丸太
10	パネル生産業	1st／⑤そり立つ壁
11	居酒屋アルバイト	1st／④ジャンプハング
12	高校数学教師	1st／④ジャンプハング
13	元ラクロスU-19日本代表	1st／②ローリング丸太
14	ラグビー	1st／②ローリング丸太
15	とび職	1st／②ローリング丸太
16	高校体育教師	1st／②ローリング丸太
17	広告代理店	1st／②ローリング丸太
18	会計事務所事務員	1st／②ローリング丸太
19	アームレスリング	1st／④ジャンプハング
20	アクション俳優	1st／③揺れる橋
21	カリスマ女子高生	1st／①丸太登り
22	トラックドライバー	1st／④ジャンプハング
23	タレント	1st／④ジャンプハング
24	レスキュー隊	1st／②ローリング丸太
25	新潟競馬騎手	1st／②ローリング丸太
26	建築設計士	1st／⑤そり立つ壁
27	小学校教諭	1st／④ジャンプハング
28	グリーンキャブドライバー	1st／①丸太登り
29	アイドル	1st／①丸太登り
30	俳優	1st／④ジャンプハング
31	鬼怒川ウェスタン村ショーマン	1st／②ローリング丸太
32	早稲田大学2年生	1st／④ジャンプハング
33	日本体育大学陸上部4年生	1st／⑦ロープクライム
34	警備員	1st／④ジャンプハング
35	スポーツクラブインストラクター	1st／②ローリング丸太
36	俳優	1st／②ローリング丸太
37	鍛鉄工芸家	1st／②ローリング丸太
38	実業団野球部	棄権
39	西湘オレンジトライアスロン優勝	1st／②ローリング丸太
40	インターネットコンサルティング	1st／④ジャンプハング
41	女子プロレスラー	1st／リタイア
42	とび職	1st／④ジャンプハング
43	東京ガス 営業	1st／④ジャンプハング
44	バーテンダー	1st／②ローリング丸太
45	ウルトラマラソン	1st／①丸太登り
46	プロライフセイバー	1st／④ジャンプハング
47	トレーラー運転手	1st／④ジャンプハング
48	OL	1st／①丸太登り
49	レーサー	1st／④ジャンプハング
50	水泳元オリンピック候補	1st／②ローリング丸太

	職業／肩書き	結果／リタイアエリア
51	保険会社営業	1st／④ジャンプハング
52	サンボ全日本選手権5回優勝	1st／②ローリング丸太
53	バス会社	1st／②ローリング丸太
54	クイックマッスル9ミニッツ優勝	1st／②ローリング丸太
55	福祉施設指導員	1st／④ジャンプハング
56	フリーター	1st／①丸太登り
57	会社事務員	1st／②ローリング丸太
58	欽ちゃん劇団	1st／④ジャンプハング
59	プロレスラー	棄権
60	カリスマDJ	1st／②ローリング丸太
61	武術ダンスインストラクター	1st／④ジャンプハング
62	俳優	1st／②ローリング丸太
63	東京大学大学院2年生	1st／⑤そり立つ壁
64	郵便配達員	1st／②ローリング丸太
65	日本女子体育大ラクロス部	1st／②ローリング丸太
66	神奈川新聞社	1st／②ローリング丸太
67	東京ガスラグビー部員	1st／②ローリング丸太
68	元JAC	1st／④ジャンプハング
69	アームレスリング世界チャンピオン	1st／⑤そり立つ壁
70	中学2年生	1st／③揺れる橋
71	スポーツコーディネーター	1st／②ローリング丸太
72	新潟競馬騎手	1st／①丸太登り
73	川崎製鉄	1st／②ローリング丸太
74	消防士	2nd／②スパイダーウォーク
75	すし職人	1st／④ジャンプハング
76	エンジニア	1st／④ジャンプハング
77	重量物運搬業	1st／②ローリング丸太
78	タレント	1st／④ジャンプハング
79	地下鉄車掌	1st／④ジャンプハング
80	女子プロレスラー	1st／②ローリング丸太
81	跳び箱世界記録保持者（23段）	1st／⑤そり立つ壁
82	プロボディガード	1st／④ジャンプハング
83	エッセイスト	1st／②ローリング丸太
84	サンボ世界大会準優勝	1st／④ジャンプハング
85	カニ漁師	1st／④ジャンプハング
86	整形外科医	1st／②ローリング丸太
87	オリエンテーリング歴22年	1st／②ローリング丸太
88	元早稲田大学野球部	1st／②ローリング丸太
89	元アイスホッケー中国代表	1st／①丸太登り
90	JR高山本線 車掌	1st／①丸太登り
91	米海兵隊作業潜水士	1st／⑦ロープクライム
92	元力士	1st／④ジャンプハング
93	アメリカンフットボール選手	1st／②ローリング丸太
94	サッカー元U-18アメリカ中西部代表	1st／②ローリング丸太
95	プロライフセイバー	1st／④ジャンプハング
96	プロボディビルダー	1st／②ローリング丸太
97	プロレスラー	1st／④ジャンプハング
98	ガソリンスタンド店員	3rd／⑤パイプスライダー
99	アニマル梯団	1st／④ジャンプハング
100	ボンベ配送業	2nd／②スパイダーウォーク

第6回大会 SASUKE2000秋

DATA

放送：2000年9月9日（土）19:00〜20:54

STAGE	クリア	エリア
1st STAGE	5	①丸太登り ②ローリング丸太 ③揺れる橋 ④ジャンプハング ⑤そり立つ壁 ⑥ターザンジャンプ ⑦ロープクライム
2nd STAGE	5	①ナロー ②スパイダーウォーク ③5連ハンマー ④逆走コンベアー ⑤ウォールリフティング
3rd STAGE	0	①プロペラ雲梯 ②ボディプロップ ③アームバイク ④クリフハンガー ⑤パイプスライダー

「ミスターSASUKE」山田勝己の独壇場となった第6回大会。82人が立て続けにリタイアする中での1st、2ndステージクリアに続いて挑んだ3rdステージで、まさかのゴールマットからの落下！ 記憶に残る幕切れとなった。

	職業／肩書き	結果／リタイアエリア
1	アメフト大学日本一	1st／②ローリング丸太
2	格闘家	1st／④ジャンプハング
3	米海軍兵隊作業潜水士	1st／④ジャンプハング
4	競技エアロビクス世界一	1st／②ローリング丸太
5	タレント	1st／⑤そり立つ壁
6	パワーリフティング全日本1位	1st／①丸太登り
7	中学体育教師	1st／⑦ロープクライム
8	高校3年生	1st／④ジャンプハング
9	国際武道大学1年生	1st／③揺れる橋
10	プレハブエ	1st／④ジャンプハング
11	高校1年生	1st／①丸太登り
12	ライフセイバー日本代表	1st／④ジャンプハング
13	メロン栽培農家	1st／④ジャンプハング
14	高校3年生	棄権
15	小学校教論	1st／④ジャンプハング
16	パワーリフティング世界2位	1st／④ジャンプハング
17	東京女子体育大学3年生	1st／④ジャンプハング
18	競輪選手	1st／④ジャンプハング
19	ショー・コスギ塾第一期生	1st／④ジャンプハング
20	タレント・ボディビル歴10年	1st／④ジャンプハング
21	東京大学体操部 主将	1st／⑤そり立つ壁
22	幼稚園バス運転手	1st／④ジャンプハング
23	20トントレーラー運転手	1st／②ローリング丸太
24	アイスホッケー東京都代表	1st／④ジャンプハング
25	アームレスリング60kg急世界チャンピオン	1st／④ジャンプハング
26	和太鼓演奏者	1st／②ローリング丸太
27	造園業	1st／④ジャンプハング
28	佐川急便セールスドライバー	1st／⑤そり立つ壁
29	大阪プロレス	1st／②ローリング丸太
30	製薬会社研究員	1st／⑤そり立つ壁
31	全日本スポーツアクロ体操優勝	1st／⑥ターザンジャンプ
32	富士通明石工場陸上部員	1st／②ローリング丸太
33	俳優	1st／④ジャンプハング
34	女優・空手歴20年	1st／①丸太登り
35	消防士	1st／⑤そり立つ壁
36	中央大学2年生	1st／④ジャンプハング
37	レントゲン車運転手	1st／④ジャンプハング
38	俳優	1st／④ジャンプハング
39	海上自衛隊 元掃海艇処分長	1st／④ジャンプハング
40	大阪プロレス	1st／②ローリング丸太
41	スポーツインストラクター	1st／②ローリング丸太
42	ボンベ配送業	1st／④ジャンプハング
43	サンボ全日本優勝	1st／④ジャンプハング
44	土木作業員	1st／④ジャンプハング
45	フリーター	1st／⑦ロープクライム
46	パチンコ店	1st／④ジャンプハング
47	神奈川県立川崎南高校1年生	1st／①丸太登り
48	鉢花生産農家	棄権
49	建築塗装工事	1st／②ローリング丸太
50	サラリーマン	1st／④ジャンプハング
51	アームレスラー	1st／①丸太登り
52	鉄鋼所	1st／④ジャンプハング
53	パネル生産業	1st／⑤そり立つ壁
54	俳優	1st／②ローリング丸太
55	ダンサー	1st／④ジャンプハング
56	高校3年生	1st／④ジャンプハング
57	老人ホーム生活指導員	1st／④ジャンプハング
58	アイスホッケー東京都代表	1st／③揺れる橋
59	ニューハーフ	1st／④ジャンプハング
60	窓拭き職人	1st／⑤そり立つ壁
61	衆議院議員秘書	1st／③揺れる橋
62	NTT電話工事士	1st／④ジャンプハング
63	印刷業	1st／④ジャンプハング
64	早稲田大学体操部3年生	1st／⑥ターザンジャンプ
65	僧侶	1st／④ジャンプハング
66	青山学院大学2年生	1st／④ジャンプハング
67	整体師	1st／②ローリング丸太
68	浪人生	1st／①丸太登り
69	俳優	1st／④ジャンプハング
70	プロボディビルダー	1st／②ローリング丸太
71	女性武闘家	1st／②ローリング丸太
72	トラック運転手	1st／⑤そり立つ壁
73	元プロボクサー	1st／④ジャンプハング
74	ライフガード教育係	1st／④ジャンプハング
75	俳優	1st／②ローリング丸太
76	スポーツ専門学校講師	1st／④ジャンプハング
77	ショー・コスギ塾第一期生	1st／②ローリング丸太
78	ビルメンテナンス業	1st／④ジャンプハング
79	俳優・元甲子園ベスト8	1st／④ジャンプハング
80	元フランス外国人部隊	1st／④ジャンプハング
81	6回連続出場	1st／②ローリング丸太
82	日本体育大学1年生	1st／①丸太登り
83	バルセロナ五輪体操銅メダル	3rd／④クリフハンガー
84	とび職	1st／④ジャンプハング
85	プレハブエ	1st／①丸太登り
86	ライフガード世界選手権優勝	1st／①丸太登り
87	競輪選手	1st／④ジャンプハング
88	新聞配達員	1st／④ジャンプハング
89	モデル	1st／④ジャンプハング
90	サンボ世界大会銀メダル	1st／④ジャンプハング
91	プロレスラー	1st／④ジャンプハング
92	極真空手	1st／④ジャンプハング
93	岐阜県揖斐郡消防士	3rd／②ボディプロップ
94	アメリカ海兵隊作業潜水士	棄権
95	俳優	1st／④ジャンプハング
96	ガソリンスタンド所長	1st／②ローリング丸太
97	ショー・コスギ塾スーパーバイザー	3rd／②ボディプロップ
98	アクション俳優	3rd／②ボディプロップ
99	無職	3rd／⑤パイプスライダー
100	完全制覇者	1st／④ジャンプハング

第7回大会 SASUKE2001春

放送：2001年3月17日（土）19:00〜20:54

DATA

STAGE	クリア	エリア
1st STAGE	8	①丸太登り ②ローリング丸太 ③揺れる橋 ④ジャンプハング ⑤そり立つ壁 ⑥ターザンジャンプ ⑦ロープクライム
2nd STAGE	5	①チェーンリアクション ②ブリッククライム ③スパイダーウォーク改 ④5連ハンマー ⑤逆走コンベアー ⑥ウォールリフティング
3rd STAGE	1	①プロペラ雲梯 ②ボディプロップ ③アームバイク ④クリフハンガー ⑤パイプスライダー
FINAL STAGE	完全制覇 0	①スパイダークライム（12.5m） ②綱登り（10m）

21世紀初となる『SASUKE』第７回大会。現在も『SASUKE』唯一の皆勤賞が続く若き日の不死鳥・山本進悟がFINALに初挑戦。しかし、スタート早々に山本を襲ったアクシデント。衝撃の結末に、緑山は静まり返った。

	職業／肩書き	結果／リタイアエリア
1	元NTTラグビー部	1st／④ジャンプハング
2	海上自衛隊教官	1st／④ジャンプハング
3	東京大学医学部6年生	1st／②ローリング丸太
4	屋形船船頭	1st／②ローリング丸太
5	スポーツジム	1st／②ローリング丸太
6	トルコ料理店シェフ	1st／④ジャンプハング
7	型枠大工	1st／④ジャンプハング
8	カー用品販売	1st／③揺れる橋
9	クラシックバレエダンサー	1st／⑤そり立つ壁
10	アイドル	1st／①丸太登り
11	バーテンダー	1st／④ジャンプハング
12	タレント	1st／④ジャンプハング
13	タレント	1st／④ジャンプハング
14	宮崎県消防士	1st／④ジャンプハング
15	数学塾塾長	1st／⑤そり立つ壁
16	京橋郵便局員	1st／①丸太登り
17	プロレスラー	1st／②ローリング丸太
18	俳優	1st／⑤そり立つ壁
19	富士通陸上部 主将	1st／④ジャンプハング
20	京都府立朱雀高校1年生	1st／②ローリング丸太
21	武術ダンスインストラクター	1st／⑤そり立つ壁
22	武術ダンスインストラクター	1st／⑤そり立つ壁
23	一関中学 教師	1st／⑤そり立つ壁
24	居酒屋 経営	1st／②ローリング丸太
25	スポーツインストラクター	1st／①丸太登り
26	出版社広告部	1st／②ローリング丸太
27	輸入食品卸営業	1st／⑥ターザンジャンプ
28	整備士	1st／④ジャンプハング
29	茅ケ崎市立鶴ヶ台小学校	1st／④ジャンプハング
30	結婚相談所経営	1st／④ジャンプハング
31	ニューハーフ	1st／④ジャンプハング
32	歯科医師	1st／④ジャンプハング
33	消防署	1st／⑤そり立つ壁
34	タレント	1st／④ジャンプハング
35	タッチフットボーラー	1st／①丸太登り
36	岐阜新聞配達員	1st／④ジャンプハング
37	会社員	1st／⑦ロープクライム
38	梱包資材運送業	1st／④ジャンプハング
39	ダンスインストラクター	1st／①丸太登り
40	東京大学理学部3年生	3rd／④クリフハンガー
41	ショーパブダンサー	1st／⑤そり立つ壁
42	ピアレストランウェイター	1st／②ローリング丸太
43	『王様のブランチ』リポーター	1st／①丸太登り
44	タレント	1st／①丸太登り
45	大学生	1st／⑤そり立つ壁
46	佐川急便ドライバー	3rd／④クリフハンガー
47	ライフセイバー	1st／②ローリング丸太
48	建設会社管理職	1st／④ジャンプハング
49	空手2段	1st／②ローリング丸太
50	女子プロレスラー	1st／①丸太登り
51	サラリーマン	1st／②ローリング丸太
52	近大附属高校相撲部2年生	1st／①丸太登り
53	ミス志賀高原	1st／①丸太登り
54	パネル生産業	2nd／①チェーンリアクション
55	フランス人	1st／②ローリング丸太
56	ガラス清掃業	1st／④ジャンプハング
57	メッセンジャー	1st／⑤そり立つ壁
58	とび職	1st／⑤そり立つ壁
59	アームレスラー	1st／②ローリング丸太
60	スカイダイビングカメラマン	1st／③揺れる橋
61	モデル	1st／⑦ロープクライム
62	岡山県立津山商高校 教師	1st／①丸太登り
63	なし	1st／④ジャンプハング
64	アクション俳優	1st／⑤そり立つ壁
65	人力車引き	1st／②ローリング丸太
66	カリスマニューハーフ高校生	1st／①丸太登り
67	倉庫管理業	1st／⑤そり立つ壁
68	学生プロレス	1st／②ローリング丸太
69	武道整体師	1st／①丸太登り
70	主婦	1st／②ローリング丸太
71	俳優	1st／⑤そり立つ壁
72	高校教師	1st／⑤そり立つ壁
73	水道工事	1st／④ジャンプハング
74	なし	1st／②ローリング丸太
75	カスタマエンジニア	1st／⑤そり立つ壁
76	陸上自衛官	1st／⑤そり立つ壁
77	猿の調教師	1st／②ローリング丸太
78	タレント育成学校講師	1st／②ローリング丸太
79	ナンパ塾塾長	1st／①丸太登り
80	元Jリーガー	1st／②ローリング丸太
81	ショー・コスギ塾スーパーバイザー	3rd／②ボディプロップ
82	サンボ世界大会銀メダル	1st／②ローリング丸太
83	大阪消防局レスキュー隊	1st／②ローリング丸太
84	元忍者アクター	1st／①丸太登り
85	スポーツインストラクター	1st／②ローリング丸太
86	スカイダイバー	1st／②ローリング丸太
87	漁師	1st／⑤そり立つ壁
88	山口県阿知須小学校 教諭	2nd／①チェーンリアクション
89	鉄筋工	1st／④ジャンプハング
90	アクション女優	1st／②ローリング丸太
91	アトランタ五輪跳馬銀メダル	1st／②ローリング丸太
92	長野五輪エアリアル代表	1st／②ローリング丸太
93	イラストレーター	1st／④ジャンプハング
94	世界選手権ビーチフラッグス優勝	1st／④ジャンプハング
95	ショー・コスギ塾第一期生	3rd／①プロペラ雲梯
96	消防士	1st／⑦ロープクライム
97	ガソリンスタンド所長	FINAL／①スパイダークライム
98	アクション俳優	2nd／③スパイダーウォーク改
99	元毛ガニ漁師	1st／④ジャンプハング
100	鉄工所アルバイト	1st／⑦ロープクライム

第8回大会 SASUKE2001秋

放送：2001年9月29日（土）19:00〜20:54

DATA

STAGE	クリア	エリア
1st STAGE	6	①五段跳び ②ローリング丸太 ③大玉 ④ジャンプハング ⑤そり立つ壁 ⑥ターザンジャンプ ⑦ロープクライム
2nd STAGE	4	①チェーンリアクション ②ブリッククライム ③スパイダーウォーク改 ④5連ハンマー ⑤逆走コンベアー ⑥ウォールリフティング
3rd STAGE	2	①プロペラ雲梯 ②ボディプロップ ③アームバイク ④クリフハンガー ⑤パイプスライダー
FINAL STAGE	完全制覇 0	①スパイダークライム（12.5m） ②綱登り（10m）

台風が首都圏を襲い、豪雨となった緑山で行われた第８回大会。FINALに進出したケイン・コスギは待望の完全制覇を達成することができるのか——？嵐の中の緑山に声援と悲鳴がこだました、伝説のFINAL！

	職業／肩書き	結果／リタイアエリア
1	アームレスリング世界第3位	1st／①五段跳び
2	大東文化大学4年バレー部	1st／③大玉
3	カンフーインストラクター	1st／③大玉
4	トランポリン インターハイ優勝	1st／④ジャンプハング
5	鍼灸師	1st／④ジャンプハング
6	居酒屋	1st／①五段跳び
7	ウィンドサーフィン日本代表	1st／⑤そり立つ壁
8	西本願寺職員	1st／①五段跳び
9	高校教師	1st／①五段跳び
10	全日本パワーリフティング優勝	1st／①五段跳び
11	元クラシックバレエダンサー	1st／④ジャンプハング
12	一級建築士	1st／⑤そり立つ壁
13	すし職人	1st／①五段跳び
14	阪急電鉄 車掌	1st／①五段跳び
15	消防士	1st／③大玉
16	モーグル選手	1st／③大玉
17	川崎市港湾局巡視船ひばり 船長	1st／①五段跳び
18	東洋大学レスリング部	1st／②ローリング丸太
19	庭職人	1st／①五段跳び
20	少林寺拳法	1st／①五段跳び
21	アクション俳優	1st／③大玉
22	郵便局員	1st／①五段跳び
23	国士舘大学レスリング部4年生	1st／④ジャンプハング
24	とび職	1st／④ジャンプハング
25	オーストラリアンフットボール日本代表	1st／①五段跳び
26	峰竜太の付き人	1st／①五段跳び
27	陸上100m200m元日本記録保持者	1st／②ローリング丸太
28	グラビアアイドル	1st／①五段跳び
29	元シルバースター日本一	1st／②ローリング丸太
30	雑誌編集者	1st／①五段跳び
31	ニューハーフ	1st／⑤そり立つ壁
32	ライフセーバー	1st／①五段跳び
33	会社員	1st／①五段跳び
34	鉄骨運送業	1st／④ジャンプハング
35	アメリカ海軍	1st／①五段跳び
36	お笑い芸人	1st／⑤そり立つ壁
37	建築業	1st／④ジャンプハング
38	全日本パワーリフティング4位	1st／②ローリング丸太
39	中学校保健体育教師	1st／④ジャンプハング
40	雑誌編集者	1st／①五段跳び
41	漁師	1st／⑤そり立つ壁
42	新宿おかまバー・ママ	1st／①五段跳び
43	プロテイン会社経営	1st／④ジャンプハング
44	クラシックバレエダンサー	1st／④ジャンプハング
45	スタイリスト	1st／①五段跳び
46	シドニー五輪トランポリン代表	2nd／⑥ウォールリフティング
47	サンボ世界大会銀メダル	1st／①五段跳び
48	フリーター	1st／①五段跳び
49	外資系銀行日本駐在員	1st／①五段跳び
50	忍者	1st／①五段跳び

	職業／肩書き	結果／リタイアエリア
51	保険会社営業	1st／①五段跳び
52	『王様のブランチ』リポーター	1st／①五段跳び
53	あすみが丘身体均整院 院長	1st／①五段跳び
54	鯉屋	1st／①五段跳び
55	会社員	1st／④ジャンプハング
56	日本大学4年生	1st／④ジャンプハング
57	とび職	1st／④ジャンプハング
58	エアロビインストラクター	1st／①五段跳び
59	シドニー五輪 床・つり輪銅メダル	FINAL／①スパイダークライム
60	ショーパブダンサー	1st／①五段跳び
61	跳び箱世界記録保持者（23段）	1st／②ローリング丸太
62	元日本体育大学陸上部	2nd／①チェーンリアクション
63	国士舘大学レスリング部3年生	1st／④ジャンプハング
64	会社員	1st／①五段跳び
65	女子プロレスラー	1st／①五段跳び
66	トルコ料理シェフ	1st／④ジャンプハング
67	詠春拳	1st／①五段跳び
68	特機オペレーター	1st／④ジャンプハング
69	メーカー勤務	1st／②ローリング丸太
70	元「太陽とシスコムーン」	1st／①五段跳び
71	岐阜県揖斐郡消防士	3rd／⑤パイプスライダー
72	コンピューターエンジニア	1st／⑦ロープクライム
73	ラグビー高校日本代表候補	1st／①五段跳び
74	ゴールドジムトレーナー	1st／④ジャンプハング
75	高級輸入家具販売員	1st／①五段跳び
76	日本体育大学陸上部	1st／②ローリング丸太
77	俳優	1st／⑤そり立つ壁
78	アメフト	1st／①五段跳び
79	全日本アームレスリング選手権優勝	1st／①五段跳び
80	俳優／ショー・コスギ塾第一期生	1st／②ローリング丸太
81	モデル	3rd／②ボディプロップ
82	ビーチフラッグス世界チャンピオン	1st／①五段跳び
83	バーテンダー	1st／②ローリング丸太
84	元イスラエル軍所属	1st／①五段跳び
85	ショー・コスギ塾スーパーバイザー	1st／⑤そり立つ壁
86	国立サーカス団	1st／①五段跳び
87	女子プロレスラー	1st／①五段跳び
88	東京大学体操部4年生	1st／①五段跳び
89	ボディビル東京選手権優勝	1st／①五段跳び
90	たこ焼き屋	1st／①五段跳び
91	アクション俳優	FINAL／②綱登り（10m）
92	OL	1st／①五段跳び
93	木こり	1st／①五段跳び
94	格闘家	1st／②ローリング丸太
95	鳳龍院心拳17代目宗師	1st／①五段跳び
96	長野五輪モーグル代表	1st／②ローリング丸太
97	アトランタ五輪跳馬銀メダル	1st／①五段跳び
98	ガソリンスタンド所長	1st／⑦ロープクライム
99	元毛ガニ漁師	1st／④ジャンプハング
100	鉄工所アルバイト	1st／⑤そり立つ壁

第9回大会 SASUKE2002春

DATA

放送：2002年3月16日（土）19:00〜20:54

STAGE	クリア	エリア
1st STAGE	7	①五段跳び ②ローリング丸太 ③大玉 ④ジャンプハング ⑤そり立つ壁 ⑥ターザンジャンプ ⑦ロープクライム
2nd STAGE	4	①チェーンリアクション ②ブリッククライム ③スパイダーウォーク改 ④バランスタンク ⑤逆走コンベアー ⑥ウォールリフティング
3rd STAGE	0	①ランブリングダイス ②ボディプロップ ③ランプグラスパー ④クリフハンガー改 ⑤パイプスライダー

2大会連続そり立つ壁で無念のタイムアップを喫した史上最強の漁師・長野誠が、底知れぬ潜在能力をついに発揮。自宅にそり立つ壁のセットを作って臨んだ第9回大会で初クリア！勢いそのままに3rdステージまで進み最優秀成績者になった。

	職業／肩書き	結果／リタイアエリア
1	アームレスリング世界1位	1st／③大玉
2	レスリング国際大会2位	1st／④ジャンプハング
3	ライフセービング全日本選手権1位	1st／④ジャンプハング
4	プロボクサー	1st／③大玉
5	ダイビングインストラクター	1st／④ジャンプハング
6	英会話教師	1st／⑤そり立つ壁
7	野球元全日本代表	1st／⑤そり立つ壁
8	キャバクラ「蘭○」ボーイ	1st／④ジャンプハング
9	キックボクサー	1st／④ジャンプハング
10	青果店店長	1st／①五段跳び
11	元クラシックバレエダンサー	1st／④ジャンプハング
12	新体操国体2位	1st／⑤そり立つ壁
13	郵便局	1st／⑤そり立つ壁
14	定時制高校教諭	1st／②ローリング丸太
15	エアロビクスインストラクター	1st／③大玉
16	女子高生	1st／②ローリング丸太
17	モデル	1st／④ジャンプハング
18	浦和工業高校3年生	1st／④ジャンプハング
19	フリーダイビングインストラクター	1st／④ジャンプハング
20	東北大学アメリカンフットボール部	1st／④ジャンプハング
21	アクション俳優	1st／④ジャンプハング
22	横浜中華街料理人	1st／⑤そり立つ壁
23	駒澤大学仏教部	1st／④ジャンプハング
24	ミス中央区	1st／①五段跳び
25	たこ焼屋社長	1st／④ジャンプハング
26	俳優	1st／⑥ターザンジャンプ
27	塗装業	1st／①五段跳び
28	とび職	1st／④ジャンプハング
29	精肉業	1st／①五段跳び
30	プロダンサー	1st／①五段跳び
31	新宿おかまバー・ママ	1st／③大玉
32	俳優	1st／④ジャンプハング
33	元韓国軍バルカン砲操縦士	1st／⑤そり立つ壁
34	ホテルフロント	1st／②ローリング丸太
35	蜆漁師	1st／③大玉
36	パティシエ	1st／①五段跳び
37	『王様のブランチ』リポーター	1st／②ローリング丸太
38	鍼灸マッサージ師	1st／①五段跳び
39	会社員	1st／①五段跳び
40	俳優	1st／④ジャンプハング
41	お笑い芸人	2nd／③スパイダーウォーク改
42	ダンサー	1st／④ジャンプハング
43	俳優	1st／②ローリング丸太
44	指圧師	1st／①五段跳び
45	薬剤師	1st／①五段跳び
46	史上最強のニューハーフ	1st／②ローリング丸太
47	居酒屋店主	1st／①五段跳び
48	理容師	1st／③大玉
49	プロレスラー	1st／①五段跳び
50	洋菓子屋	1st／①五段跳び
51	サラリーマン	1st／①五段跳び
52	キリンビールキャンペーンガール	1st／②ローリング丸太
53	ブラジリアン柔術	1st／②ローリング丸太
54	木こり	1st／⑤そり立つ壁
55	ラーメン店 店長	1st／②ローリング丸太
56	中国武術家	1st／⑤そり立つ壁
57	パン職人	1st／②ローリング丸太
58	ちり紙交換運転手	1st／④ジャンプハング
59	勝山中学校 講師	1st／④ジャンプハング
60	消防士	1st／⑤そり立つ壁
61	漁師	3rd／⑤パイプスライダー
62	殺陣師	1st／④ジャンプハング
63	シドニーパラリンピック銀メダル	1st／①五段跳び
64	スポーツクラブインストラクター	1st／②ローリング丸太
65	タレント	1st／⑤そり立つ壁
66	イタリア料理シェフ	1st／②ローリング丸太
67	USJアクション俳優	1st／④ジャンプハング
68	文房具メーカー	1st／①五段跳び
69	上智大学1年生	1st／③大玉
70	仏壇うるし塗り職人	1st／①五段跳び
71	シドニー五輪トランポリン代表	3rd／③ランプグラスパー
72	兵庫県中部中学校3年生	1st／①五段跳び
73	トラック運転手	1st／①五段跳び
74	福島学院短期大学2年生	1st／①五段跳び
75	アクション俳優	1st／④ジャンプハング
76	中学校教諭	1st／④ジャンプハング
77	アクロ体操	1st／④ジャンプハング
78	アーチェリー中国2位	1st／②ローリング丸太
79	千葉県印旛村役場	1st／⑤そり立つ壁
80	デカスロン	1st／④ジャンプハング
81	モンスターBOX世界記録保持者	2nd／⑦ウォールリフティング
82	シドニー五輪ビーチバレー代表	1st／②ローリング丸太
83	K-1ミドル級日本チャンピオン	1st／②ローリング丸太
84	プロクライマー	1st／④ジャンプハング
85	陸上100m・200m元日本記録保持者	1st／②ローリング丸太
86	ニラ農家	1st／④ジャンプハング
87	下呂町役場	1st／②ローリング丸太
88	京都大学体操部4年生	1st／③大玉
89	国土交通技官	1st／①五段跳び
90	太極拳中国チャンピオン	1st／①五段跳び
91	SKIスーパーバイザー	1st／③大玉
92	要人運転手	1st／⑤そり立つ壁
93	ボート日本代表	1st／①五段跳び
94	岩槻市市議会議員	1st／①五段跳び
95	東京大学大学院2年生	1st／①五段跳び
96	鳳龍院心拳護衛護身術17代目宗師	1st／①五段跳び
97	岐阜県揖斐郡消防士	3rd／③ランプグラスパー
98	ガソリンスタンド所長	3rd／①ランブリングダイス
99	鉄工所アルバイト	2nd／⑦ウォールリフティング
100	元毛ガニ漁師	1st／①五段跳び

第10回大会 SAUKE2002秋

放送：2002年9月25日（水）21:00〜22:54

DATA

STAGE	クリア	エリア
1st STAGE	5	①五段跳び ②ローリング丸太 ③ダースブリッジ ④ジャンプハング ⑤そり立つ壁 ⑥ターザンロープ ⑦ロープクライム
2nd STAGE	4	①チェーンリアクション ②ブリッククライム ③スパイダーウォーク改 ④バランスタンク ⑤逆走コンベアー ⑥ウォールリフティング
3rd STAGE	0	①ランブリングダイス ②ボディプロップ ③ランプグラスパー ④クリフハンガー改 ⑤パイプスライダー

記念すべき第10回大会、栄光のゼッケン1000番を背負うのは「ミスターSASUKE」山田勝己！ しかし……。「SASUKE」史上最も知られる名言、「俺にはSASUKEしかないんですよ」がこの時生まれたのだった。

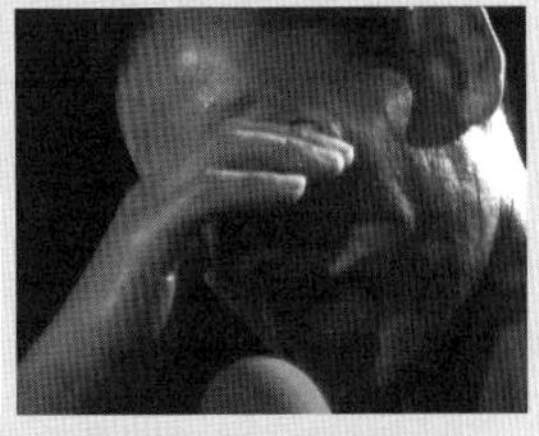

	職業／肩書き	結果／リタイアエリア
901	砲丸投げ日本記録保持者	1st／④ジャンプハング
902	トランポリン世界Jr日本代表	1st／④ジャンプハング
903	航空自衛隊	1st／④ジャンプハング
904	トラック運転手	1st／②ローリング丸太
905	溶接工	1st／②ローリング丸太
906	チアリーディング歴10年	1st／②ローリング丸太
907	横浜港港湾マン	1st／④ジャンプハング
908	ラーメン店「竈」店員	1st／①五段跳び
909	青山学院大学レスリング部OB	1st／④ジャンプハング
910	東京大学理工学部2年生	1st／③ダースブリッジ
911	吉本女子プロレス	1st／①五段跳び
912	元体操選手	1st／④ジャンプハング
913	パン屋	1st／④ジャンプハング
914	建設業	不参加
915	人形の「ミミー」専務	1st／④ジャンプハング
916	筑波大学1年生	1st／④ジャンプハング
917	アメリカ海軍 大尉	1st／①五段跳び
918	板前	1st／①五段跳び
919	看護学生	不参加
920	TIM	1st／③ダースブリッジ
921	ホリプロスカウトキャラバングランプリ	1st／①五段跳び
922	アームレスリング世界チャンピオン	1st／④ジャンプハング
923	引越しのサカイ	1st／④ジャンプハング
924	ヘッドハンター	1st／③ダースブリッジ
925	スノーボードインストラクター	1st／④ジャンプハング
926	俳優・『世界の車窓から』ナレーター	1st／④ジャンプハング
927	曲芸サラリーマン	1st／④ジャンプハング
928	和太鼓名人	1st／①五段跳び
929	ドラゴンボート日本代表	1st／③ダースブリッジ
930	アクション俳優	1st／②ローリング丸太
931	高校2年生	1st／①五段跳び
932	ものまねタレント	1st／②ローリング丸太
933	ゲーム制作会社	1st／④ジャンプハング
934	宝泉寺 副住職	1st／②ローリング丸太
935	ライフセーバー	1st／④ジャンプハング
936	ショーパブダンサー	1st／④ジャンプハング
937	甲賀忍者村 忍者	1st／①五段跳び
938	俳優	1st／④ジャンプハング
939	葬具会社	1st／②ローリング丸太
940	プロトランポリンプレイヤー	3rd／①ランプグラスパー
941	『王様のブランチ』リポーター	1st／④ジャンプハング
942	京都医科大学3年生	1st／④ジャンプハング
943	ダブルダッチ世界大会3位	1st／④ジャンプハング
944	高円寺阿波踊り「天水連」	1st／①五段跳び
945	元クラシックバレエダンサー	1st／④ジャンプハング
946	京都国際ホテル	1st／④ジャンプハング
947	中学英語教師	1st／②ローリング丸太
948	埼玉鶴ヶ島市消防士	1st／④ジャンプハング
949	ラグビー元国体千葉県代表	1st／④ジャンプハング
950	酪農家	1st／④ジャンプハング
951	サラリーマン	1st／②ローリング丸太
952	保険代理店 経営	1st／②ローリング丸太
953	キャンペーンガール	1st／②ローリング丸太
954	茅ヶ崎小学校 教師	3rd／②ボディプロップ
955	餅運び競争優勝	1st／④ジャンプハング
956	お笑い芸人	1st／⑥ターザンロープ
957	会社員	1st／④ジャンプハング
958	アームレスリング世界2位	1st／②ローリング丸太
959	日本体育大学3年生	1st／②ローリング丸太
960	トランポリン選手	1st／①五段跳び
961	タレント	3rd／④クリフハンガー改
962	印刷会社	1st／④ジャンプハング
963	アメリカ海軍 少佐	1st／②ローリング丸太
964	スポーツ教室指導員	1st／④ジャンプハング
965	発電所メンテナンス	1st／④ジャンプハング
966	サウナ店	1st／④ジャンプハング
967	PRIDEアマチュア大会出場	1st／④ジャンプハング
968	千葉大学大学院2年生	1st／⑥ターザンロープ
969	甲賀くのいち	1st／①五段跳び
970	ゲーム制作会社	1st／④ジャンプハング
971	TBSアナウンサー	1st／④ジャンプハング
972	モデル	1st／⑦ロープクライム
973	柔道歴10年	1st／④ジャンプハング
974	ダブルダッチ世界大会2位	1st／①五段跳び
975	俳優	1st／④ジャンプハング
976	冷凍倉庫会社	1st／①五段跳び
977	レストランBARマスター	1st／①五段跳び
978	水泳指導員	2nd／③スパイダーウォーク改
979	ウエイトリフティングインターハイ出場	1st／②ローリング丸太
980	走り幅跳び元日本8位	1st／③ダースブリッジ
981	秋山治療院 院長	1st／⑤そり立つ壁
982	レーシングドライバー	1st／①五段跳び
983	社交ダンス	1st／①五段跳び
984	グラフィックデザイナー	1st／①五段跳び
985	新磯高等学校 教頭	1st／①五段跳び
986	陸上100m・200m元日本記録保持者	1st／②ローリング丸太
987	ジャガー整備士	1st／④ジャンプハング
988	ハウスビルダー	1st／④ジャンプハング
989	ボディボード日本チャンピオン	1st／④ジャンプハング
990	史上最強のニューハーフ	1st／④ジャンプハング
991	シドニー五輪跳馬金メダル	1st／⑥ロープクライム
992	浅草サンバカーニバル	1st／②ローリング丸太
993	パンクラスライトヘビー級王者	1st／②ローリング丸太
994	東京大学大学院生	1st／②ローリング丸太
995	在日フランス人	1st／①五段跳び
996	日光江戸村 忍者	1st／②ローリング丸太
997	岐阜県揖斐郡消防士	1st／④ジャンプハング
998	ガソリンスタンド所長	1st／⑥ロープクライム
999	漁師	1st／④ジャンプハング
1000	鉄工所アルバイト	3rd／⑤パイプスライダー

第11回大会 SASUKE2003春

DATA

放送：2003年3月21日（金）18:55〜21:54

STAGE	クリア	エリア
1st STAGE	クリア 11	①五段跳び ②ローリング丸太 ③バランスブリッジ ④ジャンプハング ⑤そり立つ壁 ⑥ターザンロープ ⑦ロープクライム
2nd STAGE	クリア 7	①チェーンリアクション ②ブリッククライム ③スパイダーウォーク改 ④バランスタンク ⑤逆走コンベアー ⑥ウォールリフティング
3rd STAGE	クリア 1	①ランブリングダイス ②ボディプロップ ③ランプグラスパー ④クリフハンガー改 ⑤パイプスライダー
FINAL STAGE	完全制覇 0	①スパイダークライム(12.5m) ②綱登り(10m)

第４回大会の完全制覇以来、５大会連続で1stステージのリタイアを重ねていた秋山和彦が涙の完全復活！ さらに「全員でファイナル」を誓い合った仲間たちが倒れる中、史上最強の漁師・長野誠のポテンシャルが爆発する！

	職業／肩書き	結果／リタイアエリア
1	日本体育大学ライフセービング部3年生	1st／④ジャンプハング
2	スカイダイビング日本代表	1st／④ジャンプハング
3	ジムトレーナー	1st／①五段跳び
4	スケルトン北海道大会第2位	1st／②ローリング丸太
5	陸上自衛隊東部方面総監部 事務職	1st／②ローリング丸太
6	鹿島建設	1st／②ローリング丸太
7	養鶏業	1st／②ローリング丸太
8	パチンコチェーン営業本部 課長	1st／②ローリング丸太
9	タレント	1st／②ローリング丸太
10	ダブルダッチチーム「ラン・ディー・クルー」	1st／②ローリング丸太
11	TIM	1st／②ローリング丸太
12	プロレスラー	1st／②ローリング丸太
13	ウェイター	1st／②ローリング丸太
14	青果商	1st／⑤そり立つ壁
15	名古屋市中央卸売市場	1st／①五段跳び
16	総合格闘家	1st／①五段跳び
17	カンフーインストラクター	1st／②ローリング丸太
18	財務省印刷局彦根工場	1st／②ローリング丸太
19	忍者俳優	1st／④ジャンプハング
20	鳥羽一郎の付き人	1st／②ローリング丸太
21	TIM	1st／②ローリング丸太
22	自治医科大学3年生	1st／②ローリング丸太
23	文具メーカー	1st／①五段跳び
24	トラック運転手	1st／④ジャンプハング
25	クレーンオペレーター	1st／②ローリング丸太
26	高校教諭	1st／④ジャンプハング
27	タレント	1st／②ローリング丸太
28	エアロビインストラクター	1st／②ローリング丸太
29	埼玉県鶴ヶ島市消防士	1st／⑤そり立つ壁
30	型枠大工	1st／②ローリング丸太
31	アクション俳優	1st／⑦ロープクライム
32	ホテルマン	1st／④ジャンプハング
33	広告代理店	1st／④ジャンプハング
34	指圧治療師	1st／②ローリング丸太
35	裁判所書記官	1st／④ジャンプハング
36	アイドルレスラー	1st／①五段跳び
37	スポーツクラブインストラクター	1st／②ローリング丸太
38	スタントマン	1st／①五段跳び
39	不動産会社社長	1st／④ジャンプハング
40	京都国際ホテル ソムリエ	1st／⑤そり立つ壁
41	お笑い芸人	2nd／⑥ウォールリフティング
42	前田電気	1st／④ジャンプハング
43	地ビール製造業	1st／②ローリング丸太
44	ショーダンサー	1st／①五段跳び
45	福井中央郵便局	1st／③バランスブリッジ
46	俳優	1st／④ジャンプハング
47	金型配送業	1st／⑤そり立つ壁
48	TBS番組キャスター	1st／②ローリング丸太
49	キャバクラ店長	1st／②ローリング丸太
50	薬剤師	1st／④ジャンプハング
51	俳優・『世界の車窓から』ナレーター	1st／⑤そり立つ壁
52	損保代理店 経営	1st／②ローリング丸太
53	タレント	1st／②ローリング丸太
54	居酒屋「江戸っ子」店長	1st／①五段跳び
55	アームレスリング北海道1位	1st／④ジャンプハング
56	ブラジル人サンバミュージシャン	1st／②ローリング丸太
57	元そば屋経営	1st／③バランスブリッジ
58	茅ヶ崎小学校 教諭	2nd／①チェーンリアクション
59	ボディビルダー	1st／①五段跳び
60	都庁総務局	1st／②ローリング丸太
61	モンスターBOX世界記録保持者	3rd／④クリフハンガー改
62	運河跳び日本記録保持者	1st／②ローリング丸太
63	ミュージシャン	1st／⑤そり立つ壁
64	筑波大学	1st／①五段跳び
65	嵐山温泉嵐峡館送迎船 船長	1st／②ローリング丸太
66	印旛村役場	2nd／⑥ウォールリフティング
67	東京理科大学	1st／②ローリング丸太
68	京都大学工学部	1st／④ジャンプハング
69	女子プロレスラー	1st／①五段跳び
70	TBSアナウンサー	1st／①五段跳び
71	アトランタ五輪跳馬銀メダル	1st／⑤そり立つ壁
72	柔道北信越チャンピオン	1st／④ジャンプハング
73	大型自動車整備士	1st／②ローリング丸太
74	産業廃棄物収集運搬業	3rd／⑤パイプスライダー
75	水泳指導員	1st／②ローリング丸太
76	居酒屋経営	1st／③バランスブリッジ
77	男子新体操	1st／③バランスブリッジ
78	高校2年生	1st／⑤そり立つ壁
79	モデル	1st／②ローリング丸太
80	ブラジル人モデル	1st／②ローリング丸太
81	アクション女優	1st／②ローリング丸太
82	ホタテ漁師	1st／③バランスブリッジ
83	国士舘大学大学院1年生	1st／⑦ロープクライム
84	ライフセイバー	1st／②ローリング丸太
85	アメフト関東大学オールスター	1st／⑥ターザンロープ
86	俳優	1st／②ローリング丸太
87	レスキュー	1st／②ローリング丸太
88	シドニー五輪女子体操団体金メダル	1st／②ローリング丸太
89	ジャガー整備士	1st／④ジャンプハング
90	中学校教員	1st／⑤そり立つ壁
91	トランポリン全日本選手権優勝	1st／②ローリング丸太
92	酪農業	1st／②ローリング丸太
93	タレント	1st／②ローリング丸太
94	自動車部品製造	1st／③バランスブリッジ
95	プロトランポリンプレイヤー	3rd／③ランプグラスパー
96	漁師	FINAL／②綱登り(10m)
97	岐阜県揖斐郡消防士	3rd／②ボディプロップ
98	ガソリンスタンド所長	3rd／④クリフハンガー改
99	元毛ガニ漁師	3rd／②ボディプロップ
100	鉄工所アルバイト	2nd／④バランスタンク

第12回大会 SASUKE2003秋

放送：2003年10月1日（水）18:55～21:09

DATA

ステージ	クリア	エリア
1st STAGE	クリア 11	①山越え ②ローリング丸太 ③一本橋 ④ジャンプハング ⑤そり立つ壁 ⑥ターザンロープ ⑦ロープクライム
2nd STAGE	クリア 10	①チェーンリアクション ②ブリッククライム ③スパイダーウォーク改 ④バランスタンク ⑤逆走コンベアー ⑥ウォールリフティング
3rd STAGE	クリア 3	①ランブリングダイス ②ボディプロップ ③ランプグラスパー ④クリフハンガー改 ⑤パイプスライダー
FINAL STAGE	完全制覇 0	①スパイダークライム（12.5m）②綱登り（10m）

過去5回にわたり無念のリタイアを重ねていた魔の2ndステージに挑む山田勝己。しかしチェーンリアクションで着用を義務づけられていた手袋をその後のエリアで外すのを「忘れた」（本人談）ためゴールしたものの無念の失格となるのだった。

	職業／肩書き	結果／リタイアエリア
1	岐阜県郡上郡消防士	3rd／④クリフハンガー改
2	慶應義塾大学1年生	1st／②ローリング丸太
3	トランポリン指導者	1st／④ジャンプハング
4	モンゴル出身元ボクサー	1st／③一本橋
5	ウォータクラフトレーシングドライバー	1st／③一本橋
6	日本体育大学4年生	1st／②ローリング丸太
7	東海大望洋高校射撃部2年生	1st／③一本橋
8	スポーツトレーナー	1st／②ローリング丸太
9	不動産会社	1st／②ローリング丸太
10	六本木ディスコ店員	1st／②ローリング丸太
11	アイドルレスラー	1st／①山越え
12	子役タレント	1st／②ローリング丸太
13	家系ラーメン	1st／②ローリング丸太
14	酪農家	1st／②ローリング丸太
15	浄土宗西門寺	1st／②ローリング丸太
16	高能力芸人	1st／①山越え
17	ボディーボード日本ランキング2位	1st／①山越え
18	日本旅行添乗員	1st／①山越え
19	アームレスリング	1st／④ジャンプハング
20	ライフセイバー	1st／②ローリング丸太
21	ジャズインストラクター	1st／④ジャンプハング
22	居酒屋「江戸っ子」店長	1st／①山越え
23	円盤投げ	1st／②ローリング丸太
24	ニューハーフ整体師	1st／②ローリング丸太
25	サンバダンサー	1st／④ジャンプハング
26	中学生サーファー	1st／②ローリング丸太
27	タレント	1st／②ローリング丸太
28	吉野家	1st／②ローリング丸太
29	農家	1st／②ローリング丸太
30	K-1ファイター	1st／④ジャンプハング
31	ハンググライダー男	1st／①山越え
32	十種競技日本選手権優勝	1st／④ジャンプハング
33	女子柔道全日本体重別選手権3位	1st／①山越え
34	プロボディボーダー	1st／②ローリング丸太
35	ショーダンサー	1st／④ジャンプハング
36	マグロ加工業	1st／①山越え
37	ウエスタン村スタントマン	1st／①山越え
38	レッドキング	1st／①山越え
39	俳優	1st／②ローリング丸太
40	ヤマト運輸セールスドライバー	1st／④ジャンプハング
41	肉体派お笑い芸人	1st／⑦ロープクライム
42	肩書き不明	1st／④ジャンプハング
43	ナイジェリア出身	1st／①山越え
44	ラクロスU－21日本代表	1st／③一本橋
45	スーパー店員	1st／⑤そり立つ壁
46	マッチョな植木屋さん	1st／②ローリング丸太
47	ダブルダッチ	1st／②ローリング丸太
48	高校教師	1st／②ローリング丸太
49	忍者俳優	1st／②ローリング丸太
50	いいとも青年隊	1st／①山越え
51	アクション女優	1st／⑤そり立つ壁
52	損保マン	1st／②ローリング丸太
53	全日本ジュニア空手道選手権大会優勝	1st／①山越え
54	銀行員	1st／③一本橋
55	ショーバスケ	1st／②ローリング丸太
56	体育教師	1st／②ローリング丸太
57	山田勝己のライバル	1st／②ローリング丸太
58	パワーリフティング	1st／②ローリング丸太
59	ガチンコファイトクラブ1期生	1st／②ローリング丸太
60	フィンスイミング	1st／⑦ロープクライム
61	野生のバレエダンサー	1st／④ジャンプハング
62	水泳指導員	1st／④ジャンプハング
63	俳優	1st／①山越え
64	男子新体操学生チャンピオン	1st／④ジャンプハング
65	モデル	1st／⑥ターザンロープ
66	歌手	1st／④ジャンプハング
67	少林寺拳法	1st／①山越え
68	スキーエアリアル日本代表	1st／②ローリング丸太
69	プロキックボクサー	1st／①山越え
70	器械体操歴11年	3rd／④クリフハンガー改
71	ショーバスケ	1st／④ジャンプハング
72	茅ヶ崎市立今宿小学校 教諭	FINAL／②綱登り（10m）
73	路線バス運転手	1st／②ローリング丸太
74	俳優	1st／④ジャンプハング
75	長寿研究者	1st／①山越え
76	パンクラスライトヘビー級チャンピオン	1st／③一本橋
77	千葉県印旛村役場	FINAL／②綱登り（10m）
78	ボディーボーダー	1st／④ジャンプハング
79	肩書き不明	1st／②ローリング丸太
80	ジャガー整備士	1st／⑤そり立つ壁
81	第12回芸能人サバイバルバトルNo.1	1st／⑦ロープクライム
82	ホスト	1st／①滝登り
83	国土交通省	1st／③一本橋
85	自動車部品製造	1st／①山越え
86	北海道厚田中学 生徒会長	1st／④ジャンプハング
87	格闘家	1st／①山越え
88	一級建築士	1st／④ジャンプハング
89	いまいずみ保育園	1st／④ジャンプハング
90	元新体操五輪代表	1st／④ジャンプハング
91	俳優	1st／③一本橋
92	体操全日本選手権個人総合3位	3rd／②ボディプロップ
93	産業廃棄物運搬業	1st／⑤そり立つ壁
94	プロトランポリンプレイヤー	1st／②ローリング丸太
95	岐阜県揖斐郡消防士	3rd／⑤パイプスライダー
96	ガソリンスタンド所長	3rd／④クリフハンガー改
97	元毛ガニ漁師	3rd／⑤パイプスライダー
98	鉄工所アルバイト	2nd／③スパイダーウォーク改
99	世界選手権床つり輪金メダル	3rd／④クリフハンガー改
100	漁師	FINAL／②綱登り（10m）

第13回大会 SASUKE2004春

放送：2004年4月6日（火）20:00〜22:54

DATA

ステージ	クリア	エリア
1st STAGE	クリア 10	①プリズムシーソー ②三段ローリング丸太 ③クロスブリッジ ④ジャンプダングル ⑤ねじれた壁 ⑥そり立つ壁 ⑦ターザンジャンプ ⑧ロープクライム
2nd STAGE	クリア 5	①チェーンリアクション ②ブリッククライム ③スパイダーウォーク改 ④バランスタンク ⑤逆走コンベアー ⑥ウォールリフティング
3rd STAGE	クリア 1	①ランブリングダイス ②ボディプロップ ③カーテンクリング ④クリフハンガー改 ⑤パイプスライダー
FINAL STAGE	完全制覇 0	①スパイダークライム(12.5m) ②綱登り(10m)

1stステージを大リニューアルし新時代突入へ。「第28金比羅丸」の船長となった長野誠。トレーニング不足が心配される中での挑戦となった第13回大会だが見事３大会連続のFINALに進出！ 鋼鉄の魔城を攻略できるか!?

	職業／肩書き	結果／リタイアエリア
1	プロレスラー	1st／④ジャンプダングル
2	バルセロナ五輪4×100mリレー出場	1st／③クロスブリッジ
3	銀行員	1st／⑥そり立つ壁
4	競艇選手	1st／⑥そり立つ壁
5	スキーエアリアル日本代表	1st／④ジャンプダングル
6	タレント	1st／①プリズムシーソー
7	駒澤大学アイスホッケー部	1st／①プリズムシーソー
8	昭和学園高校 保健体育教師	1st／④ジャンプダングル
9	グラビアアイドル	1st／①プリズムシーソー
10	ダンスインストラクター	1st／②三段ローリング丸太
11	キングコング	1st／②三段ローリング丸太
12	元アメフト選手	1st／②三段ローリング丸太
13	スーパーAコープ	1st／②三段ローリング丸太
14	築地市場魚河岸	1st／④ジャンプダングル
15	横浜人力車くらぶ リーダー	1st／②三段ローリング丸太
16	舞踏家	1st／②三段ローリング丸太
17	バンジートランポリンインストラクター	1st／①プリズムシーソー
18	寿司職人	欠場
19	安田大サーカス	1st／②三段ローリング丸太
20	雑技団	1st／①プリズムシーソー
21	タレント	1st／①プリズムシーソー
22	クレーン運転手	1st／②三段ローリング丸太
23	タレント	1st／②三段ローリング丸太
24	プロ野球選手の弟	1st／②三段ローリング丸太
25	東京工業大学3年生	1st／②三段ローリング丸太
26	秋葉原コスプレ喫茶店員	1st／①プリズムシーソー
27	とび職	1st／①プリズムシーソー
28	千葉商科大学3年生	1st／⑥そり立つ壁
29	俳優	1st／②三段ローリング丸太
30	郵便局員	1st／②三段ローリング丸太
31	格闘家	1st／②三段ローリング丸太
32	米軍基地消防隊員	1st／②三段ローリング丸太
33	ビーチフラッグス全日本チャンピオン	1st／②三段ローリング丸太
34	文具メーカー	1st／①プリズムシーソー
35	とび職	1st／④ジャンプダングル
36	クラブダンサー	1st／①プリズムシーソー
37	シャカ	1st／②三段ローリング丸太
38	八王子第五中学校 職員	2nd／⑤逆走コンベアー
39	プロレスラー	1st／②三段ローリング丸太
40	棒高跳び日本選手権優勝	1st／②三段ローリング丸太
41	お笑い芸人	1st／③クロスブリッジ
42	自動車部品製造業	1st／⑤ねじれた壁
43	プロクライマー	1st／①プリズムシーソー
44	陸上自衛隊練馬駐屯地	1st／⑤ねじれた壁
45	理容店員	1st／⑥そり立つ壁
46	鍼灸指圧治療師	1st／②三段ローリング丸太
47	北海道栄高校 体育教師	1st／⑤ねじれた壁
48	クワガタコレクター	1st／③クロスブリッジ
49	派遣社員	1st／①プリズムシーソー
50	宮崎県日向市消防士	1st／②三段ローリング丸太
51	アクション俳優	1st／②三段ローリング丸太
52	博多おかまバーのママ	1st／①プリズムシーソー
53	おなべクラブ店員	1st／①プリズムシーソー
54	居酒屋「江戸っ子」店長	1st／①プリズムシーソー
55	チューリップテレビAD	1st／①プリズムシーソー
56	新聞輸送業	1st／①プリズムシーソー
57	北海道上磯町立浜分中学2年生	1st／⑧ロープクライム
58	埼玉県上尾高校1年生	1st／①プリズムシーソー
59	不動産会社	1st／②三段ローリング丸太
60	青果店「清水屋商店」	1st／④ジャンプダングル
61	ジャガー整備士	1st／⑤ねじれた壁
62	豊田自動織機	1st／②三段ローリング丸太
63	鉄骨塗装業	1st／③クロスブリッジ
64	鍼灸師	1st／①プリズムシーソー
65	ITエンジニア	1st／④ジャンプダングル
66	タレント	1st／②三段ローリング丸太
67	一級建築士	1st／④ジャンプダングル
68	慶應義塾大学2年生	1st／③クロスブリッジ
69	スポーツトレーナー	1st／⑥そり立つ壁
70	黄金筋肉MC	1st／①プリズムシーソー
71	プロトランポリンプレイヤー	2nd／⑥ウォールリフティング
72	ネジ製造会社	1st／①プリズムシーソー
73	ラジオパーソナリティー	1st／①プリズムシーソー
74	画家	1st／①プリズムシーソー
75	柏原羽曳野藤井寺消防士	2nd／④バランスタンク
76	ガソリンスタンド所長	2nd／⑥ウォールリフティング
77	東海大望洋高校射撃部	1st／③クロスブリッジ
78	広島県立神辺高校 体育教師	1st／⑥そり立つ壁
79	立体造形家	1st／①プリズムシーソー
80	配管工	1st／④ジャンプダングル
81	東京都公立中学校 教師	1st／④ジャンプダングル
82	アームレスリング高校生チャンピオン	1st／③クロスブリッジ
83	都立町田高校2年生	1st／⑥そり立つ壁
84	アメフト選手	1st／③クロスブリッジ
85	ビーチフラッグス元世界チャンピョン	1st／④ジャンプダングル
86	産業廃棄物運搬業	1st／④ジャンプダングル
87	フィンスイミング日本チャンピオン	2nd／⑥ウォールリフティング
88	岐阜県郡上市消防士	1st／④ジャンプダングル
89	陸上自衛隊第一空挺団	1st／④ジャンプダングル
90	モンスターBOX世界記録保持者	3rd／②ボディプロップ
91	元毛ガニ漁師	1st／⑤ねじれた壁
92	奈良県十津川村立西川第一小学校 教頭	1st／①プリズムシーソー
93	男子新体操全日本選手権総合優勝	1st／③クロスブリッジ
94	ラート世界選手権3位	1st／⑥そり立つ壁
95	棒高跳び元日本記録保持者	1st／②三段ローリング丸太
96	ジャズインストラクター	1st／①プリズムシーソー
97	体操全日本選手権個人総合3位	3rd／③カーテンクリング
98	岐阜県揖斐郡消防士	3rd／④クリフハンガー改
99	千葉県印旛村役場	3rd／⑤パイプスライダー
100	漁師「第28金比羅丸」船長	FINAL／②綱登り(10m)

第14回大会 SASUKE2005謹賀新年

DATA

放送：2005年1月4日（火）18:30〜20:54

STAGE	クリア	エリア
1st STAGE	14	①円錐跳び ②バタフライウォール ③三段ローリング丸太 ④クロスブリッジ ⑤ジャンプハング ⑥ねじれた壁 ⑦そり立つ壁 ⑧ターザンジャンプ ⑨ロープクライム
2nd STAGE	10	①チェーンリアクション ②ブリッククライム ③スパイダーウォーク改 ④バランスタンク ⑤メタルスピン ⑥ウォールリフティング
3rd STAGE	0	①ランブリングダイス ②ボディプロップ ③カーテンクリング ④クリフハンガー改 ⑤ジャンピングバー ⑥クライミングバー ⑦デビルブランコ ⑧パイプスライダー

3rdステージに初登場したジャンピングバーに苦戦、次々とリタイアを重ねていくSASUKEオールスターズ。99人がリタイアとなった中、最後に登場したのは3大会連続FINAL進出、完全無双の長野誠。長野vs新エリア、衝撃の結末は？

	職業／肩書き	結果／リタイアエリア
1	アメフト	1st／③三段ローリング丸太
2	パワーリフティング	1st／③三段ローリング丸太
3	獅子舞師	1st／①円錐跳び
4	ボディビルダー	1st／⑤ジャンプハング
5	海上自衛隊 潜水教官	1st／⑤ジャンプハング
6	マジシャン	1st／③三段ローリング丸太
7	富士山登山ガイド	1st／③三段ローリング丸太
8	元ラグビー日本代表	1st／③三段ローリング丸太
9	元NFLチアリーダー	1st／②バタフライウォール
10	スリランカ料理店オーナー	1st／③三段ローリング丸太
11	エアロビクステクニカルアドバイザー	1st／①円錐跳び
12	練馬区立開進第三中学校3年生	1st／⑤ジャンプハング
13	理容専門学生	1st／⑦そり立つ壁
14	プロレスラー	1st／③三段ローリング丸太
15	少林寺武術僧	1st／③三段ローリング丸太
16	プロテニスプレイヤー	1st／④クロスブリッジ
17	アームレスラー	1st／③三段ローリング丸太
18	九州産業大学	1st／④クロスブリッジ
19	畳製作業将	1st／③三段ローリング丸太
20	俳優	1st／④クロスブリッジ
21	ジョーダンズ	1st／①円錐跳び
22	『JJ』レギュラーモデル	1st／③三段ローリング丸太
23	日本体育大学体操部OB	1st／④クロスブリッジ
24	拓殖大学アーチェリー部	1st／④クロスブリッジ
25	飴細工職人	1st／③三段ローリング丸太
26	ケニア人留学生	1st／①円錐跳び
27	棒高跳び元日本記録保持者	1st／⑦そり立つ壁
28	デザイン系専門学生	1st／①円錐跳び
29	居酒屋「江戸っ子」店長	1st／①円錐跳び
30	文具メーカー	1st／②バタフライウォール
31	千葉県立成田北高女子サッカー部	1st／②バタフライウォール
32	千葉県立成田北高校 教師	1st／①円錐跳び
33	モデル	1st／⑤ジャンプハング
34	スタントマン	1st／④クロスブリッジ
35	元WBC世界バンダム級王者	1st／④クロスブリッジ
36	ボディビルダー	1st／④クロスブリッジ
37	鉄筋工	1st／⑤ジャンプハング
38	米軍基地内消防隊員	1st／⑤ジャンプハング
39	都立水元養護学校 教員	1st／⑤ジャンプハング
40	タレント	1st／③三段ローリング丸太
41	配管工	1st／⑦そり立つ壁
42	博多おかまバー店長	1st／③三段ローリング丸太
43	BMX元ブラジルチャンピオン	1st／⑤ジャンプハング
44	ヨーヨー世界チャンピオン	1st／③三段ローリング丸太
45	長崎放送『あっ！ぷる』リポーター	1st／③三段ローリング丸太
46	ビッグスモールン	1st／③三段ローリング丸太
47	モデル	1st／⑨ロープクライム
48	警備会社	1st／③三段ローリング丸太
49	六本木クラブオーナー	1st／⑤ジャンプハング
50	ブレイクダンサー	1st／⑤ジャンプハング
51	俳優・『世界の車窓から』ナレーター	1st／③三段ローリング丸太
52	ものまねタレント	1st／①円錐跳び
53	ジャグリング中学生	1st／⑤ジャンプハング
54	自動車部品製造業	1st／⑥ねじれた壁
55	ラジオDJ	1st／③三段ローリング丸太
56	陸上自衛隊員	1st／⑤ジャンプハング
57	岐阜県郡上市消防士	1st／⑦そり立つ壁
58	ビーチフラッグス元世界チャンピオン	1st／⑦そり立つ壁
59	箱根駅伝駒澤大学アンカー	1st／⑥ねじれた壁
60	タレント	1st／⑤ジャンプハング
61	アクション女優	1st／⑦そり立つ壁
62	プロレスラー	1st／③三段ローリング丸太
63	殺陣師	1st／⑤ジャンプハング
64	カイロプラクティック整体師	1st／⑤ジャンプハング
65	元中国雑技団員	1st／⑤ジャンプハング
66	アクション俳優	1st／⑨ロープクライム
67	トランポリン高校選手権優勝	2nd／⑥ウォールリフティング
68	産業廃棄物運搬業	3rd／⑦デビルブランコ
69	名古屋市立原中学校 教員	1st／③三段ローリング丸太
70	女性芸能人No.1アスリート	1st／⑤ジャンプハング
71	秋山治療院 院長	1st／⑦そり立つ壁
72	プロボディボーダー	1st／②バタフライウォール
73	タレント	1st／④クロスブリッジ
74	ラクロス日本代表	1st／⑥ねじれた壁
75	ジャガー整備士	1st／⑨ロープクライム
76	日本体育大学体操部OB	3rd／②ボディプロップ
77	ボディボーダー	1st／⑤ジャンプハング
78	製造業	1st／④クロスブリッジ
79	日本選手権棒高跳び優勝	1st／⑤ジャンプハング
80	絵本作家志望	3rd／④クリフハンガー改
81	プロスポーツマンNo.1	3rd／②ボディプロップ
82	アテネ五輪体操団体銀メダル	1st／⑧ターザンジャンプ
83	アテネ五輪体操個人総合金メダル	2nd／⑥ウォールリフティング
84	女子プロボクサー	1st／④クロスブリッジ
85	俳優	1st／①円錐跳び
86	プロレスラー	1st／③三段ローリング丸太
87	「体育塾」経営	3rd／②ボディプロップ
88	フィンスイミング元日本チャンピオン	3rd／①ランブリングダイス
89	ビーチフラッグス アジアチャンピオン	2nd／①チェーンリアクション
90	MOTO1ライダー	1st／⑤ジャンプハング
91	アテネ五輪吊り輪銀メダル	3rd／④クリフハンガー改
92	プロボディーボーダー	1st／②バタフライウォール
93	フライングディスク日本代表	1st／⑤ジャンプハング
94	トライアスロン全日本ナショナルチーム	1st／⑤ジャンプハング
95	少林寺武術館	1st／⑤ジャンプハング
96	千葉県印旛村役場	2nd／④バランスタンク
97	岐阜県揖斐郡消防士	3rd／④クリフハンガー改
98	ガソリンスタンド所長	3rd／③カーテンクリング
99	鉄工所アルバイト	1st／⑤ジャンプハング
100	漁師「第28金比羅丸」船長	3rd／⑤ジャンピングバー

第15回大会 SASUKE2005夏

放送：2005年7月20日（水）18:55～20:48

DATA

STAGE	クリア	エリア
1st STAGE	7	①ハードルジャンプ ②バタフライウォール ③三段ローリング丸太 ④クロスブリッジ ⑤ジャンプハング ⑥ねじれた壁 ⑦そり立つ壁 ⑧ターザンジャンプ ⑨ロープクライム
2nd STAGE	6	①チェーンリアクション ②ブリッククライム ③スパイダーウォーク改 ④バランスタンク ⑤メタルスピン ⑥ウォールリフティング
3rd STAGE	0	①ランブリングダイス ②ボディプロップ ③カーテンクリング ④クリフハンガー改 ⑤ジャンピングバー ⑥クライミングバー ⑦デビルブランコ ⑧パイプスライダー

史上初となる真夏の開催となった第15回大会。最高気温は、なんと34度！ そんな灼熱地獄の緑山、1stステージをクリアしたのは7名。長野誠も2ndステージでリタイアする波乱の中、勝ち残ったのは不死鳥・山本進悟！

職業／肩書き	結果／リタイアエリア
ボディビルダー	1st／①ハードルジャンプ
富士氷室	1st／③三段ローリング丸太
参議院警備部	1st／②バタフライウォール
六本木クラブボディガード	1st／③三段ローリング丸太
そば職人	1st／③三段ローリング丸太
女子プロボクサー	1st／③三段ローリング丸太
鋳造製造	1st／①ハードルジャンプ
ものまねタレント	1st／①ハードルジャンプ
プロレスラー	1st／①ハードルジャンプ
ミス七夕	1st／②バタフライウォール
フライングディスクワールドゲームス銅メダル	1st／④クロスブリッジ
クライマー	1st／⑤ジャンプハング
ロックバンドボーカル	1st／①ハードルジャンプ
ランドセーリング日本最高速度記録保持者	1st／④クロスブリッジ
接骨院院長	1st／①ハードルジャンプ
ダンサー	1st／④クロスブリッジ
ビーチサッカー日本代表	1st／①ハードルジャンプ
プロ卓球選手	1st／①ハードルジャンプ
海上自衛隊横須賀基地	1st／①ハードルジャンプ
美容師	1st／①ハードルジャンプ
130R	1st／①ハードルジャンプ
お笑いアイドル	1st／①ハードルジャンプ
歯科医	1st／③三段ローリング丸太
不動産会社	1st／③三段ローリング丸太
関西一の女性ジャグラー	1st／③三段ローリング丸太
銀座クラブのホール担当	1st／①ハードルジャンプ
『芸能人サバイバルバトル』No.1	1st／⑦そり立つ壁
けん玉職人	1st／⑦そり立つ壁
お笑い芸人	1st／①ハードルジャンプ
居酒屋「江戸っ子」店長	1st／②バタフライウォール
レースクイーン	1st／①ハードルジャンプ
自動車工場	1st／①ハードルジャンプ
元新体操日本代表	1st／③三段ローリング丸太
カリスマピンクレディおっかけ	1st／①ハードルジャンプ
空調設備会社	1st／④クロスブリッジ
忍者	1st／④クロスブリッジ
魅惑の立体造形家	1st／①ハードルジャンプ
自転車ロードレース選手	1st／①ハードルジャンプ
高校教師	1st／③三段ローリング丸太
東京医科歯科大5年生	1st／②バタフライウォール
文具メーカー	1st／①ハードルジャンプ
カリスマ美容師	1st／⑥ねじれた壁
どーよ	1st／①ハードルジャンプ
ジャガー整備士	1st／⑨ロープクライム
カヌー日本ランキング1位	1st／④クロスブリッジ
中学校教員	1st／⑤ジャンプハング
ネジ会社	1st／③三段ローリング丸太
リットン調査団	1st／①ハードルジャンプ
キャバクラ経営	1st／①ハードルジャンプ
マッスルミュージカル	1st／④クロスブリッジ

職業／肩書き	結果／リタイアエリア
俳優	1st／③三段ローリング丸太
ジャグリング中学生	1st／⑨ロープクライム
受験生	1st／④クロスブリッジ
自動車部品製造業	1st／⑦そり立つ壁
スノーボーダー	1st／①ハードルジャンプ
殺陣師	1st／③三段ローリング丸太
女子ラグビー日本代表	1st／③三段ローリング丸太
ものまねタレント	1st／③三段ローリング丸太
俳優	1st／③三段ローリング丸太
水玉れっぷう隊	1st／③三段ローリング丸太
東海大学山岳部	1st／①ハードルジャンプ
香港	1st／③三段ローリング丸太
慶應義塾大学医学部6年生	1st／④クロスブリッジ
元Jリーガー	1st／③三段ローリング丸太
柔道指導員	1st／①ハードルジャンプ
トランポリンW杯出場	3rd／④クリフハンガー改
水泳指導員	1st／⑧ターザンジャンプ
プロスノーボーダー	1st／③三段ローリング丸太
福岡県三山消防士	1st／⑦そり立つ壁
ライフセーバー	1st／⑨ロープクライム
岐阜県郡上市消防士	3rd／⑤ジャンピングバー
「体育塾」経営	1st／⑦そり立つ壁
都立豊島高校1年生	1st／④クロスブリッジ
銀行員	1st／①ハードルジャンプ
モトクロス国際A級ライダー	1st／③三段ローリング丸太
業務用浄水器製造	1st／③三段ローリング丸太
スポーツジム経営	1st／①ハードルジャンプ
俳優	1st／④クロスブリッジ
トラック運転手	1st／③三段ローリング丸太
秋山治療院 院長	1st／⑦そり立つ壁
K-1ヘビー級ファイター	1st／④クロスブリッジ
海上自衛隊体育教官	1st／③三段ローリング丸太
箱根駅伝駒澤大学アンカー	1st／⑦そり立つ壁
韓国大道芸人	1st／④クロスブリッジ
インディアナ州立大学2年生	1st／①ハードルジャンプ
ビーチサッカー日本代表	1st／②バタフライウォール
カヌー選手	1st／④クロスブリッジ
香港スタントマン	1st／⑥ねじれた壁
モンスターBOX世界記録保持者	1st／⑦そり立つ壁
絵本作家志望	1st／⑨ロープクライム
アテネ五輪体操個人総合金メダル	1st／⑦そり立つ壁
アテネ五輪体操団体銀メダル	3rd／③カーテンクリング
千葉県印旛村役場	3rd／⑥クライミングバー
ガソリンスタンドエリアマネージャー	3rd／②ボディプロップ
岐阜県揖斐郡消防士	3rd／⑦デビルブランコ
アテネ五輪吊り輪銀メダル	1st／⑦そり立つ壁
産業廃棄物運搬業	1st／⑥ねじれた壁
鉄工所アルバイト	1st／④クロスブリッジ
漁師「第28金比羅丸」船長	2nd／⑤メタルスピン

第16回大会 SASUKE2005冬

DATA

放送：2005年12月30日（金）18:30〜20:54

STAGE	クリア	エリア
1st STAGE	16	①六段跳び ②三段ローリング丸太 ③クロスブリッジ ④ジャンプハング ⑤ロープリバース ⑥リバースフライ ⑦そり立つ壁 ⑧ターザンジャンプ ⑨ロープクライム
2nd STAGE	8	①チェーンリアクション ②ブリッククライム ③スパイダーウォーク改 ④デルタブリッジ ⑤メタルスピン ⑥ウォールリフティング
3rd STAGE	0	①アームリング ②ボディプロップ ③カーテンクリング ④クリフハンガー改 ⑤ジャンピングバー ⑥クライミングバー ⑦デビルブランコ ⑧パイプスライダー

前回の真夏とは打って変わって、初の年末開催となった第16回大会。前回大会で長野誠もリタイアした2ndステージ、悪夢のメタルスピンでリタイア者が続出する中、その連鎖を断ち切ったのは、やはり長野だった！

職業／肩書き	結果／リタイアエリア
石垣島のアームレスラー	1st／④ジャンプハング
プロビーチバレー選手	1st／⑤ロープリバース
人力俥夫	1st／②三段ローリング丸太
少林寺武術講師	1st／③クロスブリッジ
日本選手権十種競技優勝	1st／⑦そり立つ壁
海上自衛隊特殊部隊	1st／③クロスブリッジ
九州じゃんがら原宿1階店 副店長	1st／②三段ローリング丸太
韓国軍人大学	1st／④ジャンプハング
八百屋	1st／⑦そり立つ壁
情熱的お笑い芸人	1st／②三段ローリング丸太
板前	1st／①六段跳び
アームレスリング世界王者	1st／④ジャンプハング
アームレスリング世界大会110kg級王者	1st／②三段ローリング丸太
フリーター	1st／①六段跳び
TBSアナウンサー	1st／①六段跳び
お笑い芸人	1st／②三段ローリング丸太
ペット業界の重鎮	1st／①六段跳び
正道会館の昇り龍	1st／①六段跳び
郵便配達員	1st／②三段ローリング丸太
元プロボクサー	1st／①六段跳び
千葉ロッテマリーンズ 内野手	1st／④ジャンプハング
元読売ジャイアンツ 投手	1st／②三段ローリング丸太
駒澤大学体操部員	1st／⑤ロープリバース
アクロバットライダー	1st／④ジャンプハング
格闘家	1st／①六段跳び
魅惑の立体造型家	1st／①六段跳び
俳優	1st／④ジャンプハング
メイドカフェ店員	1st／①六段跳び
俳優	1st／①六段跳び
ものまねタレント	1st／①六段跳び
グラビアアイドル	1st／①六段跳び
お笑い芸人	1st／①六段跳び
居酒屋「江戸っ子」店長	1st／②三段ローリング丸太
香港	1st／⑦そり立つ壁
西口プロレス	1st／②三段ローリング丸太
創価大学大学院2年	1st／④ジャンプハング
劇団ひまわり研究生	1st／②三段ローリング丸太
バンド「軍鶏」	1st／②三段ローリング丸太
ジャガー整備士	2nd／⑤メタルスピン
レスリング元日本代表	1st／⑥リバースフライ
カヌー選手	1st／④ジャンプハング
ハンググライダー男	1st／③クロスブリッジ
消防士	1st／④ジャンプハング
水玉れっぷう隊	1st／④ジャンプハング
元Jリーガー	1st／②三段ローリング丸太
双子プロレスラー	1st／①六段跳び
双子プロレスラー	1st／①六段跳び
美術展示会の企画・設営	1st／④ジャンプハング
習志野自衛隊空挺教育隊	1st／④ジャンプハング
俳優	1st／④ジャンプハング

職業／肩書き	結果／リタイアエリア
元中日ドラゴンズ 投手	1st／②三段ローリング丸太
ノーヒットノーラン投手	1st／②三段ローリング丸太
元プロ野球選手	1st／②三段ローリング丸太
モデル	2nd／⑤メタルスピン
広告代理店	1st／②三段ローリング丸太
俳優・ナレーター	1st／⑨ロープクライム
自動車部品製造	1st／⑤ロープリバース
ライフセイバー	1st／⑧ターザンジャンプ
千代田区立九段中学1年生	1st／③クロスブリッジ
香港	1st／①六段跳び
元プロ野球選手	1st／②三段ローリング丸太
元プロ野球選手	1st／②三段ローリング丸太
元中日ドラゴンズ 外野手	1st／①六段跳び
タレント	1st／②三段ローリング丸太
プロトランポリンプレイヤー	1st／⑨ロープクライム
運送業	3rd／④クリフハンガー
都立豊島高校1年生	1st／⑤ロープリバース
路線バス乗務員	1st／②三段ローリング丸太
元Jリーガー	1st／⑨ロープクライム
高校2年生	1st／④ジャンプハング
逢和治療院 院長	2nd／⑤メタルスピン
アルゼンチン生まれの韓流スター	1st／④ジャンプハング
配管工	2nd⑤メタルスピン
柔道黒帯	1st／④ジャンプハング
アウトドアインストラクター	1st／⑦そり立つ壁
絵本作家志望	1st／②三段ローリング丸太
陸上自衛官	1st／⑤ロープリバース
プロテニスプレイヤー	1st／①六段跳び
女子ボクサー	1st／②三段ローリング丸太
U-21ラクロス日本代表	1st／④ジャンプハング
亀田三兄弟 三男	1st／④ジャンプハング
アテネ五輪競輪銀メダル	1st／②三段ローリング丸太
千葉ロッテマリーンズ 内野手	1st／⑤ロープリバース
格闘家	1st／④ジャンプハング
ラクロス日本代表	1st／⑨ロープクライム
法政大学スプリンター	2nd／④デルタブリッジ
海上自衛隊護衛艦乗務員	1st／③クロスブリッジ
プロフィンスイマー	1st／③クロスブリッジ
トランポリンプレイヤー	3rd／④クリフハンガー
モンスターBOX世界記録保持者	3rd／②ボディプロップ
岐阜県郡上市消防士	3rd／⑧パイプスライダー
産業廃棄物運搬業	2nd／⑤メタルスピン
体育塾 経営	2nd／⑤メタルスピン
体操個人総合アテネ五輪金メダル	2nd／⑤メタルスピン
体操アテネ五輪銀メダル	3rd／④クリフハンガー
千葉県印旛村役場	3rd／⑧パイプスライダー
ガソリンスタンド エリアマネージャー	1st／④ジャンプハング
岐阜県揖斐郡消防士	3rd／④クリフハンガー
鉄工所アルバイト	1st／⑨ロープクライム
漁師「第28金比羅丸」船長	3rd／⑦デビルブランコ

第17回大会 SASUKE2006秋

放送：2006年10月11日（水）18:55～21:48

DATA

STAGE	クリア	エリア
1st STAGE	11	①六段跳び ②丸太板 ③三段ローリング丸太 ④クロスブリッジ ⑤サークルスライダー ⑥ジャンプハング ⑦そり立つ壁 ⑧ターザンジャンプ ⑨ロープクライム
2nd STAGE	8	①チェーンリアクション ②ブリッククライム ③スパイダーウォーク改 ④バランスタンク ⑤メタルスピン ⑥ウォールリフティング
3rd STAGE	2	①アームリング ②ボディプロップ ③カーテンクリング ④クリフハンガー改 ⑤ジャンピングバー ⑥クライミングバー ⑦デビルブランコ ⑧パイプスライダー
FINAL STAGE	完全制覇 1	①スパイダークライム（12.5m） ②綱登り（10m）

史上最強の漁師・長野誠が番組２人目となる完全制覇を成し遂げた伝説の第17回大会。4度目の挑戦で遂にFINALの綱を登り切り、栄光のゴールに立った長野が涙ながらに語った名言、「ここには何もない」をいまこそ目撃せよ！

職業／肩書き	結果／リタイアエリア
陸上自衛隊空挺部隊	1st／④クロスブリッジ
ダイビングインストラクター	1st／⑤サークルスライダー
チェーンソーアーティスト	1st／②丸太坂
東京証券取引所	1st／⑤サークルスライダー
武術家	1st／⑤サークルスライダー
カレーハウスCoCo壱番屋	1st／⑦そり立つ壁
アメリカの消防士	1st／③三段ローリング丸太
亀田製菓	1st／①六段跳び
刀鍛冶屋	1st／③三段ローリング丸太
お笑い芸人	1st／③三段ローリング丸太
とび代表決定戦第2位	1st／⑤サークルスライダー
杜氏	1st／⑤サークルスライダー
ブラジリアン柔術指導者	1st／④クロスブリッジ
西友高井戸東店	1st／⑤サークルスライダー
花火師見習い	1st／⑤サークルスライダー
塩コショー	1st／①六段跳び
出場権獲得バスツアー第1位	1st／④クロスブリッジ
アテネ五輪競輪銀メダリスト	1st／⑥ジャンプハング
足立区職員	1st／⑤サークルスライダー
魚屋	1st／③三段ローリング丸太
プロレスラー	1st／③三段ローリング丸太
プロレス界の風雲児	1st／③三段ローリング丸太
台湾俳優	1st／③三段ローリング丸太
心理アナリスト	1st／①六段跳び
プロインラインスケーター	1st／①六段跳び
居酒屋店員	1st／④クロスブリッジ
冒険サイクリスト	1st／⑤サークルスライダー
文具メーカー	1st／①六段跳び
魅惑の立体造形家	1st／①六段跳び
居酒屋「江戸っ子」店長	1st／③三段ローリング丸太
中国雑技団	1st／①六段跳び
ペット業界の重鎮	1st／⑤サークルスライダー
タレント	1st／①六段跳び
中学生マジシャン	1st／③三段ローリング丸太
俳優	1st／④クロスブリッジ
グラビアアイドル	1st／①六段跳び
塩コショー	1st／①六段跳び
タレント	1st／①六段跳び
山形県山辺中学2年生	1st／⑨ロープクライム
俳優・ナレーター	1st／⑨ロープクライム
横浜市立本宿中学1年生	1st／⑤サークルスライダー
産業廃棄物処理業	1st／⑥ジャンプハング
ペット探偵	1st／④クロスブリッジ
劇団員	1st／④クロスブリッジ
海上自衛隊爆発物処理班	1st／⑤サークルスライダー
俳優・ナレーター	1st／⑦そり立つ壁
ホスト	1st／②丸太坂
三重県桑名市立長島中学 教諭	1st／⑤サークルスライダー
三井住友銀行	1st／③三段ローリング丸太
光学機器製造業	1st／②丸太坂

職業／肩書き	結果／リタイアエリア
ジャグリング高校生	2nd／③スパイダーウォーク改
アテネ五輪競輪銀メダリスト	1st／⑥ジャンプハング
リサイクル会社	1st／①六段跳び
モデル	1st／①六段跳び
東武動物公園飼育係	1st／③三段ローリング丸太
紀文フレッシュシステム	1st／⑦そり立つ壁
気象予報士	1st／⑤サークルスライダー
ジャガー整備士	1st／⑦そり立つ壁
三重県四日市消防士	1st／⑥ジャンプハング
財団法人日本体育協会	1st／⑥ジャンプハング
スタントマン	1st／⑦そり立つ壁
全日本ウォータージャンプ3位	1st／⑦そり立つ壁
最終予選第8位	1st／③三段ローリング丸太
最終予選第7位	1st／⑨ロープクライム
最終予選第6位	1st／⑦そり立つ壁
最終予選第5位	1st／⑦そり立つ壁
最終予選第4位	1st／⑥ジャンプハング
最終予選第3位	1st／⑥ジャンプハング
最終予選第2位	3rd／②ボディプロップ
最終予選第1位	1st／⑦そり立つ壁
元プロ野球選手	1st／⑦そり立つ壁
秋山和彦の弟	1st／⑥ジャンプハング
唯一の完全制覇者	1st／⑤サークルスライダー
横浜市立橘中学3年生	1st／⑤サークルスライダー
エアロビクスインストラクター	1st／①六段跳び
クレーンオペレーター	1st／③三段ローリング丸太
マッスルミュージカルダンサー	1st／⑥ジャンプハング
トリノ五輪エアリアル日本代表	1st／①六段跳び
陸上自衛隊員	1st／③三段ローリング丸太
フォークリフトドライバー	1st／①六段跳び
京都市立伏見中学3年生	1st／③三段ローリング丸太
千葉県印旛村役場	3rd／②ボディプロップ
とび代表決定戦第1位	1st／⑦そり立つ壁
元Jリーガー	1st／⑨ロープクライム
十種競技日本チャンピオン	1st／⑨ロープクライム
陸上自衛隊員	1st／⑥ジャンプハング
アテネ五輪十種競技アメリカ代表	3rd／④クリフハンガー改
トランポリンプレーヤー	FINAF／②綱登り（10m）
中国雑技団	1st／⑤サークルスライダー
プロインラインスケーター	1st／⑦そり立つ壁
プロスノーボーダー	1st／③三段ローリング丸太
岐阜県揖斐郡消防士	3rd／⑧パイプスライダー
プロロッククライマ	2nd／⑤メタルスピン
サーカスパフォーマー	1st／⑦そり立つ壁
ダブルダッチ世界チャンピオン	1st／⑦そり立つ壁
岐阜県郡上市消防士	2nd／⑤メタルスピン
プロトランポリンプレーヤー	3rd／①アームリング
ガソリンスタンド エリアマネージャー	3rd／②ボディプロップ
漁師「第28金比羅丸」船長	完全制覇
鉄工所アルバイト	1st／⑦そり立つ壁

第18回大会 SASUKE2007春

DATA

放送：2007年3月21日（水）18:55〜21:48

STAGE	クリア	エリア
1st STAGE	6	①ロープグライダー ②ロッググリップ ③ポールメイズ ④ジャンピングスパイダー ⑤バンジーブリッジ ⑥グレートウォール ⑦フライングシュート ⑧ターザンロープ ⑨ロープラダー
2nd STAGE	3	①ダウンヒルジャンプ ②サーモンラダー ③スティックスライダー ④ネットブリッジ ⑤メタルスピン ⑥ショルダーウォーク
3rd STAGE	0	①アームリング ②アームバイク ③カーテンスイング ④新クリフハンガー

『SASUKE』修行中の中学生、15歳の森本裕介が初登場した第18回大会。完全王者の伝説は、ここから始まった！ フルモデルチェンジとなった『SASUKE』に100人のアスリートが挑む！ 感動の完全制覇から5ヶ月、王者・長野誠を襲った3rdステージの悲劇とは？

職業／肩書き	結果／リタイアエリア
プロスノーボーダー	1st／①ロープグライダー
ブラックマヨネーズ	1st／①ロープグライダー
韓国トップコメディアン	1st／①ロープグライダー
魅惑の立体造形家	1st／①ロープグライダー
ジャイアント馬場のものまね	1st／①ロープグライダー
西口プロレス	1st／②ロッググリップ
居酒屋「江戸っ子」店長	1st／①ロープグライダー
六本木クラブ「バニラ」警備員	1st／②ロッググリップ
俳優	1st／②ロッググリップ
文具メーカー	1st／①ロープグライダー
東京湾の漁師	1st／②ロッググリップ
元ウエイトリフティング日本代表	1st／②ロッググリップ
グラビアアイドル	1st／①ロープグライダー
ホストe-STYLE	1st／②ロッググリップ
タンブリング全日本選手権2連覇	1st／②ロッググリップ
ザ・ちゃらんぽらん	1st／②ロッググリップ
美容師	1st／③ポールメイズ
徳島県「力もち大会」優勝	1st／③ポールメイズ
日本で唯一の米屋ロッカー	1st／①ロープグライダー
ザ・ちゃらんぽらん	1st／②ロッググリップ
大学4年生	1st／④ジャンピングスパイダー
近畿大学付属高校 教師	1st／②ロッググリップ
台湾のプロロッククライマー	1st／④ジャンピングスパイダー
ベンチプレス日本記録保持者	1st／①ロープグライダー
日本女子格闘技界最強	1st／①ロープグライダー
バリ島出身のとび職	1st／①ロープグライダー
鉄人マラソン三度完走	1st／①ロープグライダー
専業主婦	1st／②ロッググリップ
空手2段	1st／①ロープグライダー
アテネ五輪自転車銀メダリスト	1st／②ロッググリップ
アメリカ人のとび職	1st／④ジャンピングスパイダー
器械体操歴19年	1st／①ロープグライダー
東京マスターズ陸上5種目競技優勝	1st／②ロッググリップ
幼稚園の英語教師	1st／②ロッググリップ
元ジョッキー	1st／②ロッググリップ
俳優・ナレーター	1st／①ロープグライダー
ギター侍	1st／①ロープグライダー
プロキックボクサー	1st／②ロッググリップ
厚生労働省 職員	1st／①ロープグライダー
代表決定戦第1位	1st／④ジャンピングスパイダー
産業廃棄物運搬業	1st／⑦フライングシュート
警備員	1st／⑥グレートウォール
『KUNOICHI』3大会連続完全制覇	1st／③ポールメイズ
全日本チャレンジボールシンクロナイズド部門男子トップ	1st／④ジャンピングスパイダー
スポーツインストラクター	1st／⑨ロープラダー
ドラフト候補に挙がった男	1st／①ロープグライダー
元自衛隊パラシュート部隊員	1st／③ポールメイズ
謎の覆面DJ	1st／④ジャンピングスパイダー
最強のサラリーマン	1st／③ポールメイズ
茨城大学大学院生	1st／⑥グレートウォール

職業／肩書き	結果／リタイアエリア
カポエイラインストラクター	1st／④ジャンピングスパイダー
弾丸ジャッキー	1st／②ロッググリップ
動物園飼育員	1st／⑨ロープラダー
サラリーマン格闘家	1st／④ジャンピングスパイダー
『SASUKE』出場のために肩書きを作った男	1st／①ロープグライダー
建設業	1st／④ジャンピングスパイダー
トランポリン長崎峻侑の弟	2nd／②サーモンラダー
SASUKE唯一の皆勤賞	1st／⑦フライングシュート
アントニオ猪木のものまね	1st／③ポールメイズ
早稲田大学バーベルクラブ	1st／①ロープグライダー
フラフープギネス記録保持者	1st／④ジャンピングスパイダー
元東海大学空手部 主将	1st／②ロッググリップ
空港貨物	1st／③ポールメイズ
マッスルミュージカル	1st／②ロッググリップ
東京大学体操部	1st／②ロッググリップ
ロープ登坂東海2位	1st／②ロッググリップ
元モトクロス国際A級ライダー	2nd／②サーモンラダー
柔道2段	1st／①ロープグライダー
全日本タンブリング選手権総合優勝	1st／⑥グレートウォール
ミスターSASUKE	1st／⑨ロープラダー
デンジャラス	1st／①ロープグライダー
とび職	1st／④ジャンピングスパイダー
弾丸ジャッキー	1st／④ジャンピングスパイダー
ゼッケン争奪戦1200m走1位	1st／②ロッググリップ
銀だこ スタッフ	1st／①ロープグライダー
アクロバット集団ASIAN DASH	1st／⑦フライングシュート
美術館の展覧会を企画・設営	1st／④ジャンピングスパイダー
体操のお兄さん	1st／⑦フライングシュート
ペルシャ絨毯職人	1st／④ジャンピングスパイダー
早稲田大学生理工学部硬式庭球部員	1st／④ジャンピングスパイダー
K-1ファイター	1st／①ロープグライダー
ゴールドジムインストラクター	1st／①ロープグライダー
体操とボクシングで4度国体出場	1st／④ジャンピングスパイダー
史上最強の酪農家	1st／①ロープグライダー
岐阜県揖斐郡の消防士	2nd／②サーモンラダー
フリークライミング6年	1st／①ロープグライダー
会社員	1st／①ロープグライダー
アジア大会サイクルフィギア日本代表	1st／④ジャンピングスパイダー
自衛隊教育体力検定前後期1位	1st／①ロープグライダー
今大会最年少（中学3年生）	1st／④ジャンピングスパイダー
元ラクロス日本代表	1st／⑦フライングシュート
専門学生に通いながら2児の父	1st／④ジャンピングスパイダー
現役アメリカ海軍	1st／④ジャンピングスパイダー
千葉県印旛村役場	1st／④ジャンピングスパイダー
第17回大会完全制覇	3rd／④新クリフハンガー
北京オリンピック強化指定選手	3rd／④新クリフハンガー
運送業	3rd／④新クリフハンガー
全日本ライフセービング選手権ボートレスキュー優勝	1st／①ロープグライダー
ゼッケン争奪1200m走 100番獲得	1st／③ポールメイズ

第19回大会 SASUKE2007秋

DATA

放送：2007年9月19日（水）18:55〜20:54

STAGE	クリア	エリア
1st STAGE	2	①六段跳び ②ロッググリップ ③ポールメイズ ④ジャンピングスパイダー ⑤ハーフパイプアタック ⑥そり立つ壁 ⑦フライングシュート ⑧ターザンロープ ⑨ロープラダー
2nd STAGE	0	①ダウンヒルジャンプ ②サーモンラダー ③スティックスライダー ④スカイウォーク ⑤メタルスピン ⑥ウォールリフティング

完全制覇者・長野をはじめSASUKEオールスターズら有力選手が1stステージで全滅という大波乱に！ 2ndステージ進出はわずか２人。『SASUKE』史上唯一となる「2ndステージ全滅」という悲劇が起こったのだった——。

職業／肩書き	結果／リタイアエリア
横須賀市上下水道局	1st／④ジャンピングスパイダー
製本業	1st／②ロッググリップ
モデル	1st／②ロッググリップ
元大相撲協会理事長の息子	1st／②ロッググリップ
西口プロレス	1st／①六段跳び
理学療法士	1st／③ポールメイズ
ウエイトリフティング元日本代表	1st／①六段跳び
ビーチフットボール選手	1st／②ロッググリップ
カポエイラインストラクター	1st／①六段跳び
幼稚園英語教師	1st／④ジャンピングスパイダー
覆面レスラー	1st／②ロッググリップ
フットサルチーム「カレッツァ」	1st／①六段跳び
芸人	1st／②ロッググリップ
俳優	1st／②ロッググリップ
格闘家	1st／④ジャンピングスパイダー
太鼓演奏者	1st／④ジャンピングスパイダー
ギター侍	1st／②ロッググリップ
アメリカ人弁護士	1st／④ジャンピングスパイダー
魅惑の立体造形家	1st／①六段跳び
居酒屋「江戸っ子」店長	1st／③ポールメイズ
文具メーカー	1st／①六段跳び
和菓子職人	1st／④ジャンピングスパイダー
トラック運転手	1st／④ジャンピングスパイダー
ダンサー	1st／④ジャンピングスパイダー
警備員	1st／③ポールメイズ
会社員	1st／④ジャンピングスパイダー
競輪選手	1st／③ポールメイズ
大鏡餅持ち上げ大会優勝	1st／④ジャンピングスパイダー
ペルシャ絨毯職人	1st／②ロッググリップ
格闘家	1st／④ジャンピングスパイダー
アクション俳優	1st／②ロッググリップ
路面電車の車掌	1st／②ロッググリップ
タレント	1st／④ジャンピングスパイダー
マジシャン	1st／②ロッググリップ
前回大会ゼッケン100番	1st／④ジャンピングスパイダー
陸上自衛隊員	1st／②ロッググリップ
サーカスパフォーマー	1st／③ポールメイズ
山形県山辺中学3年生	1st／④ジャンピングスパイダー
会社員	1st／⑥そり立つ壁
銀座コージーコーナー	1st／④ジャンピングスパイダー
ラフティングガイド	1st／③ポールメイズ
アクション俳優	1st／⑤ハーフパイプアタック
海上自衛隊員	1st／④ジャンピングスパイダー
ダンサー	1st／②ロッググリップ
アメリカ人とび	1st／④ジャンピングスパイダー
マッスルパーク	1st／⑤ハーフパイプアタック
診療放射線技師	1st／①六段跳び
帝国ホテルウェイター	1st／④ジャンピングスパイダー
徳山大学経済学部１年生	1st／④ジャンピングスパイダー

職業／肩書き	結果／リタイアエリア
アメリカ予選2位	1st／④ジャンピングスパイダー
自動車整備士	1st／⑤ハーフパイプアタック
兵庫県立有馬高等学校２年生	1st／④ジャンピングスパイダー
三重県桑名市立長島中学校 教諭	1st／④ジャンピングスパイダー
日本一のリアクション芸人	1st／②ロッググリップ
競輪選手	1st／③ポールメイズ
タレント	1st／②ロッググリップ
まぐろフェスティバル完全制覇	1st／⑤ハーフパイプアタック
消防士	1st／⑤ハーフパイプアタック
大学４年生	1st／⑨ロープラダー
全日本タンブリング選手権３連覇	1st／⑥そり立つ壁
スポーツインストラクター	1st／⑦フライングシュート
ラクロス元日本代表	1st／⑦フライングシュート
SASUKE修行中の高校生	1st／⑤ハーフパイプアタック
トランポリン長崎峻侑の弟	1st／⑦フライングシュート
体脂肪率3%の消防士	2nd／②サーモンラダー
SASUKE唯一の皆勤賞	1st／④ジャンピングスパイダー
千葉県印旛村役場	1st／⑦フライングシュート
運送業	1st／④ジャンピングスパイダー
スキー指導員	1st／④ジャンピングスパイダー
スポーツインストラクター	1st／⑥そり立つ壁
アナウンサー	1st／⑦フライングシュート
棒高飛び日本ランキング2位	1st／⑦フライングシュート
大阪高校２年生	1st／④ジャンピングスパイダー
建具業	1st／④ジャンピングスパイダー
看護士	1st／④ジャンピングスパイダー
参議院事務局警務部	1st／④ジャンピングスパイダー
ゴールドジム	1st／④ジャンピングスパイダー
元自衛官	1st／④ジャンピングスパイダー
警備員	1st／①六段跳び
ビーチフットボール選手	1st／⑤ハーフパイプアタック
駒澤大学３年生	1st／⑨ロープラダー
アルバイト	1st／②ロッググリップ
産業廃棄物運搬業	1st／④ジャンピングスパイダー
甲府市立動物園	1st／①六段跳び
スポーツ家庭教師	1st／④ジャンピングスパイダー
モトクロス元国際A級ライダー	2nd／②サーモンラダー
アメリカ予選1位	1st／④ジャンピングスパイダー
マッスルミュージカル	1st／⑤ハーフパイプアタック
ミスターSASUKE	1st／④ジャンピングスパイダー
マッスルミュージカル	棄権
大阪大学工学部３年生	1st／④ジャンピングスパイダー
マッスルミュージカル	1st／⑦フライングシュート
史上最強の消防士	1st／⑦フライングシュート
北京五輪強化指定選手	1st／⑦フライングシュート
アテネ五輪十種競技アメリカ代表	1st／④ジャンピングスパイダー
体操のお兄さん	1st／②ロッググリップ
第17回大会完全制覇	1st／⑦フライングシュート

第20回大会 SASUKE2008春

DATA

放送：2008年3月26日（水）18:55〜22:48

STAGE	クリア	エリア
1st STAGE	3	①六段跳び ②ログググリップ ③ポールメイズ ④ジャンピングスパイダー ⑤ハーフパイプアタック ⑥そり立つ壁 ⑦フライングシュート ⑧ターザンロープ ⑨ロープラダー
2nd STAGE	1	①ダウンヒルジャンプ ②サーモンラダー ③スティックスライダー ④スイングラダー ⑤メタルスピン ⑥ウォールリフティング
3rd STAGE	0	①アームリング ②下りランプグラスパー ③デビルステップス ④新クリフハンガー ⑤ジャンピングバー ⑥センディングクライマー ⑦スパイダーフリップ ⑧ファイナルリング

悲劇の第19回大会から半年、記念すべき第20回大会に登場したのはアメリカ版『SASUKE』の予選会を通過した強者たち。そのひとり、リーヴァイ・ミューエンバーグは「SASUKEに国籍は関係ない」という名言を残す。

職業／肩書き	結果／リタイアエリア
史上初の完全制覇者	1st／⑤ハーフパイプアタック
お笑い芸人	1st／②ログググリップ
自称最強のサラリーマン	1st／④ジャンピングスパイダー
お笑い芸人	1st／①六段跳び
元ウエイトリフティング日本代表	1st／②ログググリップ
建築業	1st／④ジャンピングスパイダー
安田大サーカス	1st／②ログググリップ
安田大サーカス	1st／②ログググリップ
フライングディスク日本代表	1st／⑤ハーフパイプアタック
姫路忍者	1st／②ログググリップ
元SWATエアフォース大佐	1st／④ジャンピングスパイダー
元プロ野球選手	1st／②ログググリップ
世界陸上200m日本代表	2nd／③スティックスライダー
2008年 福男	1st／④ジャンピングスパイダー
大太鼓演者	1st／④ジャンピングスパイダー
特殊造形	1st／④ジャンピングスパイダー
K-1甲子園優勝	1st／①六段跳び
甲府市立動物園 飼育員	1st／⑥そり立つ壁
中学校教師	1st／②ログググリップ
ヘッドスピンギネス記録保持者	1st／④ジャンピングスパイダー
SASUKEのために自費で来日	1st／④ジャンピングスパイダー
俳優	1st／④ジャンピングスパイダー
西口プロレス	1st／①六段跳び
コロッセオの鉄人	1st／②ログググリップ
中学2年生	1st／④ジャンピングスパイダー
『FINE』カリスマモデル	1st／①六段跳び
タレント	1st／②ログググリップ
マッスルミュージカル	1st／②ログググリップ
大分県杵築市宗近中学2年生	1st／⑥そり立つ壁
魅惑の立体造形家	1st／①六段跳び
居酒屋「江戸っ子」店長	1st／①六段跳び
ハンググライダー男	1st／②ログググリップ
カポエイラインストラクター	1st／②ログググリップ
全日本インカレ やり投げ出場	1st／⑤ハーフパイプアタック
マッスルミュージカル	1st／⑤ハーフパイプアタック
第20回記念予選会代表	1st／③ポールメイズ
第20回記念予選会代表	1st／④ジャンピングスパイダー
第20回記念予選会代表	1st／⑨ロープラダー
第20回記念予選会代表	1st／④ジャンピングスパイダー
アメリカ代表予選2位	1st／⑦フライングシュート
アメフト	1st／④ジャンピングスパイダー
診療放射線技師	1st／②ログググリップ
野生のバレエダンサー	1st／⑤ハーフパイプアタック
全日本タンブリング選手権優勝	1st／⑤ハーフパイプアタック
TBSアナウンサー	1st／④ジャンピングスパイダー
製造業	1st／⑤ハーフパイプアタック
アメリカ予選代表	1st／⑥そり立つ壁
元巨人軍トレーニングコーチ	1st／②ログググリップ
函館商業高校	1st／③ポールメイズ
俳優	1st／⑤ハーフパイプアタック
マッスルミュージカル	1st／⑤ハーフパイプアタック
現役陸上自衛隊	1st／④ジャンピングスパイダー
スポーツトレーナー	1st／⑤ハーフパイプアタック
モデル	1st／⑤ハーフパイプアタック
MTB世界トップライダー	1st／④ジャンピングスパイダー
広告代理店	1st／②ログググリップ
日本選手権110mハードル2位	1st／⑤ハーフパイプアタック
元Jリーガー	1st／①六段跳び
K-1ファイター	1st／②ログググリップ
元NFLヨーロッパ	1st／④ジャンピングスパイダー
ビーチバレー	1st／④ジャンピングスパイダー
国士舘大学3年生	1st／④ジャンピングスパイダー
アクション俳優	1st／②ログググリップ
マッスルミュージカル	1st／⑦フライングシュート
バスケットボール	1st／②ログググリップ
ハンドボール日本代表	1st／⑤ハーフパイプアタック
SASUKE唯一の皆勤賞	1st／⑤ハーフパイプアタック
バルセロナ五輪体操銀メダリスト	1st／②ログググリップ
モンスターボックス世界記録保持者	1st／④ジャンピングスパイダー
介護士	1st／②ログググリップ
産業廃棄物運搬業	1st／④ジャンピングスパイダー
アームレスリング高校生ライト級優勝	1st／⑤ハーフパイプアタック
駒澤大学体操競技部員	1st／⑤ハーフパイプアタック
運送業	1st／⑦フライングシュート
アメリカ代表予選1位	3rd／④新クリフハンガー
トランポリン長崎峻侑の弟	1st／⑧ターザンロープ
モトクロス元国際A級ライダー	1st／⑤ハーフパイプアタック
元光GENJI	1st／②ログググリップ
アテネ五輪吊り輪銀メダリスト	1st／①六段跳び
ハンドボール日本代表	1st／②ログググリップ
史上最強の消防士	1st／⑨ロープラダー
体操のお兄さん	1st／⑧ターザンロープ
芸能界No.1アスリート	1st／⑤ハーフパイプアタック
ハンドボール日本代表	1st／⑤ハーフパイプアタック
ミスターSASUKE	1st／④ジャンピングスパイダー
第17回大会完全制覇	2nd／①ダウンヒルジャンプ

第21回大会 SASUKE2008秋

放送：2008年9月17日（水）18:55〜22:48

DATA

STAGE	クリア	エリア
1st STAGE	9	①六段跳び ②ロッググリップ ③ポールメイズ ④ジャンピングスパイダー ⑤ハーフパイプアタック ⑥そり立つ壁 ⑦フライングシュート ⑧ターザンロープ ⑨ロープラダー
2nd STAGE	3	①ダウンヒルジャンプ ②サーモンラダー ③スティックスライダー ④スイングラダー ⑤メタルスピン ⑥ウォールリフティング
3rd STAGE	0	①アームリング ②下りランプグラスバー ③デビルステップス ④新クリフハンガー ⑤ジャンピングバー ⑥ハングクライミング ⑦スパイダーフリップ ⑧グライディングリング

これまで幾多の挑戦者の夢を打ち砕いてきた3rdステージの名物エリア・クリフが凶悪にリニューアル。難関と言われる２本目に傾斜がつき、最強の要塞となった。リタイアが相次ぐ中、それを突破したのは竹田敏浩と長野誠だった。

職業／肩書き	結果／リタイアエリア
フライングディスク日本代表	1st／②ロッググリップ
円盤投げ沖縄大会優勝	1st／④ジャンピングスパイダー
ダブルダッチ世界大会優勝	1st／②ロッググリップ
僧侶	1st／④ジャンピングスパイダー
元中国雑技団	1st／④ジャンピングスパイダー
元ボディガード	1st／③ポールメイズ
髭男爵	1st／②ロッググリップ
髭男爵	1st／①六段跳び
北京武術トーナメント日本チーム トレーナー	1st／①六段跳び
元ウエイトリフティング日本代表	1st／②ロッググリップ
スポーツインストラクター	1st／⑤ハーフパイプアタック
工場勤務	1st／④ジャンピングスパイダー
英会話学校経営	1st／④ジャンピングスパイダー
会社員	1st／③ポールメイズ
最北端からの出場	1st／④ジャンピングスパイダー
俳優	1st／⑦フライングシュート
マッスルミュージカル	1st／④ジャンピングスパイダー
『NINJA WARRIOR』司会	1st／①六段跳び
三重県桑名市立長島中学校教師	1st／②ロッググリップ
みかん農家	1st／②ロッググリップ
俳優	1st／④ジャンピングスパイダー
スタントウーマン	1st／⑤ハーフパイプアタック
中学3年生	1st／①六段跳び
マッスルクイーン	1st／①六段跳び
中学1年生	1st／②ロッググリップ
魅惑の立体造形家	1st／①六段跳び
ハンググライダー男	1st／②ロッググリップ
運動療法士	1st／⑤ハーフパイプアタック
ジムインストラクター	1st／⑥そり立つ壁
美容師	1st／⑥そり立つ壁
高校2年生	1st／②ロッググリップ
大工	1st／⑥そり立つ壁
塗装工	1st／⑦フライングシュート
食品配送ドライバー	1st／⑤ハーフパイプアタック
引越業	1st／④ジャンピングスパイダー

職業／肩書き	結果／リタイアエリア
プロロッククライマー	2nd／⑥ウォールリフティング
マッサージセラピスト	1st／②ロッググリップ
野生のバレエダンサー	1st／⑤ハーフパイプアタック
ハンドボール日本代表	1st／⑦フライングシュート
マッスルパーク	1st／④ジャンピングスパイダー
MTBライダー	1st／④ジャンピングスパイダー
プロスノーボーダー	1st／④ジャンピングスパイダー
神棚職人	1st／④ジャンピングスパイダー
予想GUY	1st／④ジャンピングスパイダー
ロバート	1st／②ロッググリップ
マッスルミュージカル	1st／⑤ハーフパイプアタック
SASUKE唯一の皆勤賞	1st／⑦フライングシュート
マッスルミュージカル	1st／②ロッググリップ
モエヤン	1st／①六段跳び
ゴールキーパー	1st／②ロッググリップ
マッスルミュージカル	1st／⑦フライングシュート
Jリーグ実況アナウンサー	1st／⑨ロープラダー
フリーランニング	2nd／②サーモンラダー
運送業	1st／④ジャンピングスパイダー
全日本タンブリング選手権優勝	1st／④ジャンピングスパイダー
会社員	1st／⑦フライングシュート
大崎OSOL 主将	1st／⑨ロープラダー
体操のお兄さん	1st／⑥そり立つ壁
千葉県印旛村役場	2nd／①ダウンヒルジャンプ
マッスルミュージカル	1st／⑦フライングシュート
プロトランポリンプレーヤー	2nd／②サーモンラダー
北京五輪レスリング銀メダル	2nd／②サーモンラダー
北京五輪レスリング金メダル	1st／⑤ハーフパイプアタック
モンスターボックス世界記録保持者	1st／⑦フライングシュート
『スポーツマンNo.1決定戦』芸能人王者	1st／④ジャンピングスパイダー
ミスターSASUKE	1st／⑥そり立つ壁
ハンドボール日本代表	3rd／③デビルステップス
史上最強の消防士	3rd／⑥ハングクライミング
フリーランニング	2nd／②サーモンラダー
史上2人目の完全制覇者	3rd／⑧グライディングリング

第22回大会 SASUKE2009春

放送：2009年3月30日（月）19:50～23:24

DATA

STAGE	クリア	エリア
1st STAGE	5	①六段跳び ②サークルハンマー ③ロッググリップ ④ジャンピングスパイダー ⑤ハーフパイプアタック ⑥そり立つ壁 ⑦スライダージャンプ ⑧ターザンロープ ⑨ロープラダー
2nd STAGE	4	①ダウンヒルジャンプ ②サーモンラダー ③スティックスライダー ④スイングラダー ⑤メタルスピン ⑥ウォールリフティング
3rd STAGE	1	①アームリング ②下りランプグラスパー ③デビルステップス ④新クリフハンガー ⑤ジャンピングバー ⑥ハングクライミング ⑦スパイダーフリップ ⑧グライディングリング
FINAL STAGE	完全制覇 0	①ヘブンリーラダー（13m） ②Gロープ（10m）

予選会から勝ち上がった新世代のリーダー、漆原裕治が初のFINALに進出！ 一夜にして英雄となったニューヒーローに緑山は沸く！「SASUKE」が新たな時代に突入したことを高らかに告げた記念碑的大会。

職業／肩書き	結果／リタイアエリア
品川庄司	1st／③ロッググリップ
陸上自衛官	1st／④ジャンピングスパイダー
タレント	1st／③ロッググリップ
プロレスリング・ノア	1st／③ロッググリップ
ウェイター	1st／③ロッググリップ
和太鼓演奏者	1st／③ロッググリップ
元韓国陸軍レンジャー部隊	1st／①六段跳び
ものまね芸人	1st／①六段跳び
ものまね芸人	1st／③ロッググリップ
ハマカーン	1st／②サークルハンマー
産婦人科医	1st／④ジャンピングスパイダー
体操競技歴9年	1st／⑦スライダージャンプ
ビックスモールン	1st／①六段跳び
ザブングル	1st／⑤ハーフパイプアタック
お笑い芸人	1st／③ロッググリップ
史上初の完全制覇者	1st／⑤ハーフパイプアタック
どきどきキャンプ	1st／①六段跳び
デンジャラス	1st／②サークルハンマー
デンジャラス	1st／③ロッググリップ
TBSアナウンサー	1st／③ロッググリップ
全日本新体操選手権大会準優勝	1st／⑦スライダージャンプ
オードリー	1st／①六段跳び
マッスルミュージカル	1st／⑨ロープラダー
SASUKE唯一の皆勤賞	1st／⑤ハーフパイプアタック
ハンググライダー男	1st／①六段跳び
魅惑の立体造型家	1st／①六段跳び
世界のタコ店長	1st／①六段跳び
チェリー☆パイ	1st／①六段跳び
シドニー五輪新体操団体総合5位	1st／③ロッググリップ
俳優	1st／④ジャンピングスパイダー
世界ラート選手権銅メダル	1st／⑦スライダージャンプ
アクロバットアーティスト	1st／⑦スライダージャンプ

職業／肩書き	結果／リタイアエリア
日本体育大学スポーツテスト第1位	1st／④ジャンピングスパイダー
消防士	1st／⑦スライダージャンプ
作業員	1st／④ジャンピングスパイダー
国士舘大学体操部出身	3rd／⑦スパイダーフリップ
ミュージシャン	1st／⑨ロープラダー
元坂本一生	1st／⑥そり立つ壁
スタントウーマン	1st／④ジャンピングスパイダー
『KUNOICHI』ファイナリスト	1st／④ジャンピングスパイダー
体操競技歴13年	1st／⑤ハーフパイプアタック
ハンドボール日本代表	1st／⑦スライダージャンプ
インストラクター	1st／⑦スライダージャンプ
靴の営業	FINAL／②Gロープ
運送業	1st／⑦スライダージャンプ
プロロッククライマー	3rd／④新クリフハンガー
ミスターSASUKE	1st／④ジャンピングスパイダー
北京五輪水泳メドレーリレー銅メダル	1st／④ジャンピングスパイダー
北京五輪レスリング銀メダル	1st／④ジャンピングスパイダー
世界陸上200m日本代表	3rd／④新クリフハンガー
ボクシング元日本王者	1st／④ジャンピングスパイダー
モデル	1st／⑨ロープラダー
俳優	1st／④ジャンピングスパイダー
俳優	1st／④ジャンピングスパイダー
芸能界No.1アスリート	1st／④ジャンピングスパイダー
体操のお兄さん	2nd／⑤メタルスピン
プロフリーランニング選手	1st／⑦スライダージャンプ
史上最強の消防士	1st／④ジャンピングスパイダー
全日本タンブリング選手権総合優勝	1st／⑦スライダージャンプ
プロレスリング・ノア	1st／④ジャンピングスパイダー
ラグビー3年連続トライ王	1st／④ジャンピングスパイダー
モンスターBOX世界記録保持者	1st／⑥そり立つ壁
ハンドボール日本代表	1st／⑨ロープラダー
史上2人目の完全制覇者	1st／⑦スライダージャンプ

第23回大会 SASUKE2009秋

放送：2009年9月27日（日）19:00〜22:54

DATA

STAGE	クリア	エリア
1st STAGE	16	①十二段跳び ②カーテンスライダー ③ロッググリップ ④ジャンピングスパイダー ⑤ハーフパイプアタック ⑥そり立つ壁 ⑦スライダージャンプ ⑧ターザンロープ ⑨ロープラダー
2nd STAGE	7	①ダウンヒルジャンプ ②サーモンラダー ③スティックスライダー ④アンステーブルブリッジ ⑤メタルスピン ⑥ウォールリフティング
3rd STAGE	2	①アームリング ②下りランプグラスパー ③デビルステップス ④新クリフハンガー ⑤ジャンピングバー ⑥ハングクライミング ⑦スパイダーフリップ ⑧グライディングリング
FINAL STAGE	完全制覇 0	①ヘブンリーラダー(13m) ②Gロープ(10m)

漆原裕治をはじめとする新世代の活躍も目覚ましくなってきた第23回大会。史上２人目の完全制覇者である長野誠は、なんと、ここでは史上初となる「システムトラブルによる1stステージやり直し」を経験することになった。

職業／肩書き	結果／リタイアエリア
元NFLヨーロッパ	1st／⑤ハーフパイプアタック
ウエイトリフティング元日本代表	1st／①十二段跳び
アルパカ牧場	1st／①十二段跳び
R-1ぐらんぷり優勝	1st／①十二段跳び
ヘッドスピンギネス記録保持者	1st／③ロッググリップ
お笑い芸人	1st／①十二段跳び
ダブルダッチギネス記録保持者	1st／④ジャンピングスパイダー
『王様のブランチ』リポーター	1st／①十二段跳び
チアリーディング世界選手権準優勝	1st／③ロッググリップ
お笑い芸人	1st／①十二段跳び
プロレスリング・ノア	1st／①十二段跳び
レースクイーン兼ドライバー	1st／②カーテンスライダー
タレント	1st／①十二段跳び
お笑い芸人	1st／②カーテンスライダー
北京五輪水泳銅メダル	1st／③ロッググリップ
『KUNOICHI』ファイナリスト	1st／⑤ハーフパイプアタック
日本一のリアクション芸人	1st／①十二段跳び
魅惑の立体造形家	1st／①十二段跳び
ハンググライダー男	1st／①十二段跳び
世界のタコ店長	1st／①十二段跳び
ものまね芸人	1st／①十二段跳び
ものまね芸人	1st／③ロッググリップ
ものまね芸人	1st／②カーテンスライダー
グラビアアイドル	1st／①十二段跳び
体操インターハイ出場	1st／⑤ハーフパイプアタック
マッスルミュージカル	1st／⑨ロープラダー
デザイナー	1st／⑦スライダージャンプ
スタントマン	1st／⑦スライダージャンプ
プロフリーランニング選手	1st／⑧ターザンロープ
地区検事	1st／⑥そり立つ壁
プロフリーランニング選手	1st／⑨ロープラダー
スタントマン	2nd／④アンステーブルブリッジ
スタントマン	1st／⑤ハーフパイプアタック
ピザ屋	1st／④ジャンピングスパイダー
運送業	2nd／②サーモンラダー
ジムインストラクター	2nd／②サーモンラダー
消防士	2nd／②サーモンラダー

職業／肩書き	結果／リタイアエリア
高校3年生	2nd／②サーモンラダー
TKO	1st／②カーテンスライダー
サッカー元日本代表	1st／④ジャンピングスパイダー
ジャガー整備士	1st／⑧ターザンロープ
ビーチスポーツみやざきNo.1選手権優勝	2nd／②サーモンラダー
R-1ぐらんぷり2連覇	1st／①十二段跳び
ザブングル	1st／③ロッググリップ
ライセンス	1st／②カーテンスライダー
ライセンス	1st／①十二段跳び
テンゲン	1st／①十二段跳び
サバンナ	1st／①十二段跳び
サバンナ	1st／④ジャンピングスパイダー
ミスターSASUKE	1st／⑦スライダージャンプ
プロフリーランニング選手	2nd／④アンステーブルブリッジ
拓殖大学レスリング部 監督	1st／①十二段跳び
新選組リアン	1st／④ジャンピングスパイダー
新選組リアン	1st／③ロッググリップ
第8回大会ファイナリスト	1st／⑨ロープラダー
第1回〜第3回大会ファイナリスト	1st／④ジャンピングスパイダー
プロレスリング・ノア	1st／④ジャンピングスパイダー
プロトライアスロン選手	1st／②カーテンスライダー
ハンドボール日本代表	1st／④ジャンピングスパイダー
ラグビー3年連続トライ王	1st／⑦スライダージャンプ
ハンドボール日本代表	1st／⑨ロープラダー
運送業	3rd／⑧グライディングリング
ペナルティ	1st／⑦スライダージャンプ
北京五輪体操跳馬金メダル	1st／②カーテンスライダー
世界陸上200m日本代表	3rd／⑦スパイダーフリップ
SASUKE唯一の皆勤賞	3rd／①アームリング
プロロッククライマー	2nd／⑤メタルスピン
プロフリーランニング選手	3rd／④新クリフハンガー
国士舘大学体操競技部出身	FINAL／②Gロープ
史上最強の消防士	3rd／⑦スパイダーフリップ
体操のお兄さん	1st／④ジャンピングスパイダー
第22回大会ファイナリスト	2nd／④アンステーブルブリッジ
史上2人目の完全制覇者	FINAL／②Gロープ

第24回大会 SASUKE2010元日

放送：2010年1月1日（金）17:45〜23:24

DATA

STAGE	クリア	エリア
1st STAGE	12	①十二段跳び ②エックスブリッジ ③ロッググリップ ④ジャンピングスパイダー ⑤ハーフパイプアタック ⑥そり立つ壁 ⑦スライダージャンプ ⑧ターザンロープ ⑨ロープラダー
2nd STAGE	7	①ダウンヒルジャンプ ②サーモンラダー ③アンステーブルブリッジ ④バランスタンク ⑤メタルスピン ⑥ウォールリフティング
3rd STAGE	5	①アームリング ②ロープジャンクション ③デビルステップス ④新クリフハンガー ⑤ジャンピングバー ⑥ハングクライミング ⑦スパイダーフリップ ⑧グライディングリング
FINAL STAGE	完全制覇 1	①ヘブンリーラダー(13m) ②Gロープ(10m)

初の元日オンエアとなった第24回大会。引退をかけて挑んだ「ミスターSASUKE」山田勝己が涙の敗退。そして勢いに乗る新世代のリーダー漆原裕治は、ついに史上3人目となる完全制覇を達成するのだった。

職業／肩書き	結果／リタイアエリア
獅子舞師	1st／③ロッググリップ
消防団員	1st／①十二段跳び
スピードワゴン	1st／③ロッググリップ
酒の卸売り業	1st／④ジャンピングスパイダー
餅つき早打ち日本一	1st／①十二段跳び
テツ and トモ	1st／①十二段跳び
ウエイトリフティング元日本代表	1st／①十二段跳び
アメリカンフットボール選手	1st／③ロッググリップ
空手家	1st／①十二段跳び
ダチョウ倶楽部	1st／①十二段跳び
ダチョウ倶楽部	1st／①十二段跳び
漆塗り職人	1st／①十二段跳び
YOSAKOIソーラン敢闘賞受賞	1st／①十二段跳び
ものまね芸人	1st／①十二段跳び
俳優	1st／③ロッググリップ
ミスターナルシスト	1st／①十二段跳び
お笑い芸人	1st／③ロッググリップ
オードリー	1st／③ロッググリップ
オードリー	1st／①十二段跳び
ペナルティ	1st／⑤ハーフパイプアタック
全日本プッシュプルアブローラー優勝	1st／③ロッググリップ
ヘッドスピンギネス記録保持者	1st／④ジャンピングスパイダー
プロBMXライダー	1st／④ジャンピングスパイダー
俳優	1st／③ロッググリップ
酔拳の使い手	1st／②エックスブリッジ
トランポリンプレーヤー	1st／③ロッググリップ
八百屋さん	1st／①十二段跳び
鮮魚商	1st／②エックスブリッジ
いちご農家	1st／④ジャンピングスパイダー
カステラ製造業	1st／③ロッググリップ
拓殖大学レスリング部 監督	1st／③ロッググリップ
TBSアナウンサー	1st／④ジャンピングスパイダー
アダモちゃん生誕25周年	1st／①十二段跳び
国体体操競技優勝	1st／③ロッググリップ
主婦	1st／①十二段跳び
プロラクロス選手	1st／③ロッググリップ
魅惑の立体造型家	1st／①十二段跳び
世界のたこ店長	1st／①十二段跳び
ハンググライダー男	1st／①十二段跳び
俳優	1st／③ロッググリップ
シドニー五輪レスリング銀メダリスト	1st／④ジャンピングスパイダー
どきどきキャンプ	1st／①十二段跳び
お笑い芸人	1st／①十二段跳び
西口プロレス	1st／①十二段跳び
ものまね芸人	1st／③ロッググリップ

職業／肩書き	結果／リタイアエリア
運送業	2nd／③アンステーブルブリッジ
R-1ぐらんぷり2連覇	1st／③ロッググリップ
日本一のリアクション芸人	1st／①十二段跳び
横浜ベイスターズ内野手	1st／③ロッググリップ
俳優・『世界の車窓から』ナレーター	1st／④ジャンピングスパイダー
お笑い芸人	1st／①十二段跳び
郵便局員	1st／①十二段跳び
『KUNOICHI』完全制覇者	1st／③ロッググリップ
俳優	1st／③ロッググリップ
鳩山由紀夫首相のモノマネ	1st／①十二段跳び
デンジャラス	1st／③ロッググリップ
キャイ〜ン	1st／①十二段跳び
史上初の完全制覇者	1st／⑥そり立つ壁
俳優	1st／③ロッググリップ
マッスルミュージカル	2nd／⑤メタルスピン
お笑い芸人	1st／①十二段跳び
全日本綱引き選手権優勝	1st／③ロッググリップ
マッスルミュージカル リーダー	1st／⑥そり立つ壁
ジャグリング消防士	1st／④ジャンピングスパイダー
マッスルパーク スタッフ	1st／④ジャンピングスパイダー
運送業	3rd／⑧グライディングリング
R-1ぐらんぷり優勝	1st／①十二段跳び
新選組リアン	1st／④ジャンピングスパイダー
新選組リアン	1st／④ジャンピングスパイダー
高校3年生	2nd／②サーモンラダー
マッスルミュージカル	1st／⑤ハーフパイプアタック
ミスターSASUKE	1st／⑥そり立つ壁
サッカーW杯日本代表	1st／③ロッググリップ
陸上十種競技アメリカ代表	1st／⑦スライダージャンプ
自動車整備士	2nd／⑤メタルスピン
ジムインストラクター	FINAL／②Gロープ
第1回大会〜第3回大会連続ファイナリスト	1st／①十二段跳び
サッカーW杯日本代表	1st／③ロッググリップ
バルセロナ五輪体操銀メダル	1st／③ロッググリップ
モンスターボックス世界記録保持者	1st／⑥そり立つ壁
プロロッククライマー	FINAL／②Gロープ
靴の営業マン	完全制覇
運送業	FINAL／②Gロープ
世界陸上200m日本代表	FINAL／②Gロープ
SASUKE唯一の皆勤賞	1st／⑧ターザンロープ
体操のお兄さん	2nd／⑤メタルスピン
史上最強の消防士	3rd／⑦スパイダーフリップ
第23回大会ファイナリスト	1st／⑧ターザンロープ
史上最強の漁師	1st／④ジャンピングスパイダー

第25回大会 SASUKE2010春

放送：2010年3月28日（日）19:00～22:48

DATA

STAGE	クリア	エリア
1st STAGE	11	①ドームステップス ②ローリング丸太 ③ジャンプハング ④ブリッジジャンプ ⑤ロッググリップ ⑥そり立つ壁 ⑦サークルスライダー ⑧ターザンロープ ⑨ロープラダー
2nd STAGE	5	①スライダードロップ ②ダブルサーモンラダー ③アンステーブルブリッジ ④バランスタンク ⑤メタルスピン ⑥ウォールリフティング
3rd STAGE	0	①ルーレットシリンダー ②ドアノブグラスパー ③フローティングボード ④アルティメットクリフハンガー

前回大会の完全制覇を受けて全面リニューアルした第25回大会。47都道府県すべてから代表が選ばれ、世界の各大陸からも代表が来日するなどグローバルな展開を見せた。新世代・日置将士もゼッケン92番で初出場。

	職業／肩書き	結果／リタイアエリア
1	水戸納豆製造業	1st／①ドームステップス
2	高校教師	1st／②ローリング丸太
3	紀州梅農家	1st／①ドームステップス
4	富山地方鉄道職員	1st／②ローリング丸太
5	岩手大学陸上部	1st／②ローリング丸太
6	塗装工	1st／⑦サークルスライダー
7	ハンググライダー男	1st／①ドームステップス
8	伊賀市役所職員	1st／③ジャンプハング
9	アフリカオールスターズ	1st／③ジャンプハング
10	お笑い芸人	1st／①ドームステップス
11	世界バトントワリング選手権連覇	1st／①ドームステップス
12	徳島県力もち大会4連覇	1st／③ジャンプハング
13	広島風お好み焼き店	1st／①ドームステップス
14	福男 一番福	1st／②ローリング丸太
15	寿司の板前	1st／①ドームステップス
16	漫画家	1st／①ドームステップス
17	全日本プッシュプルアブローラー優勝	1st／③ジャンプハング
18	パルクール高校生	2nd／③アンステーブルブリッジ
19	秋田料理専門店「なまはげ」	1st／①ドームステップス
20	西郷隆盛のそっくりさん	1st／①ドームステップス
21	『RYOMA』編集長	1st／②ローリング丸太
22	スカッシュ選手	1st／⑤ロッググリップ
23	牛タン店	1st／④ブリッジジャンプ
24	延岡工業高校3年生	1st／⑤ロッググリップ
25	ファイヤーパフォーマー	1st／①ドームステップス
26	十日町地域振興局	1st／④ブリッジジャンプ
27	高崎だるま職人	1st／①ドームステップス
28	フリースタイルフットボール日本代表	1st／③ジャンプハング
29	マイケルジャクソンのものまね	1st／①ドームステップス
30	新選組リアン	1st／③ジャンプハング
31	専門学生	1st／③ジャンプハング
32	アジアロープスキッピング選手権優勝	1st／①ドームステップス
33	カンフー世界チャンピオン	1st／①ドームステップス
34	マッスルパークスタッフ	1st／⑥そり立つ壁
35	アルティメット日本代表	1st／①ドームステップス
36	佐賀ガタリンピック代表	1st／③ジャンプハング
37	人力俥夫	1st／③ジャンプハング
38	フォーミュラニッポンチャンピオン	1st／①ドームステップス
39	魅惑の立体造形家	欠場
40	運送業	3rd／④アルティメットクリフハンガー
41	フットバック日本チャンピオン	1st／①ドームステップス
42	ルチャパフォーマー	1st／①ドームステップス
43	世界のたこ店長	1st／①ドームステップス
44	プロスノーボーダー	1st／①ドームステップス
45	中学1年生	1st／①ドームステップス
46	フラフープパフォーマー	1st／①ドームステップス
47	佐倉太鼓衆	1st／①ドームステップス
48	プロフリーランニング選手	2nd／①スライダードロップ
49	運送会社	1st／⑦サークルスライダー
50	世界陸上200m日本代表	3rd／④アルティメットクリフハンガー
51	新選組リアン	1st／③ジャンプハング
52	フレアバーテンダー	1st／①ドームステップス
53	チアリーディング世界選手権優勝	1st／①ドームステップス
54	サーフィン学生チャンピオン	1st／⑤ロッググリップ
55	ヌンチャクアーティスト	1st／①ドームステップス
56	とび職	1st／①ドームステップス
57	モンゴル相撲全国大会優勝	1st／①ドームステップス
58	アフリカンダンサー	1st／③ジャンプハング
59	バルセロナ五輪体操銀メダル	1st／④ブリッジジャンプ
60	ジムインストラクター	3rd／②ドアノブグラスパー
61	アームレスリング世界選手権優勝	1st／⑥そり立つ壁
62	ふぐ屋 店長	1st／③ジャンプハング
63	青森ねぶた囃子方	1st／③ジャンプハング
64	那覇市青年会 会長	1st／②ローリング丸太
65	陸上自衛隊第6高射特科郡	1st／⑦サークルスライダー
66	日本体育大学体操競技部	1st／⑥そり立つ壁
67	運送業	1st／⑦サークルスライダー
68	近江牛畜産農家	1st／①ドームステップス
69	プロフリーランニング選手	3rd／②ドアノブグラスパー
70	史上最強の消防士	2nd／②ダブルサーモンラダー
71	製麺業	1st／①ドームステップス
72	型枠大工	1st／①ドームステップス
73	建設業	1st／①ドームステップス
74	ウエイトリフティング元日本代表	1st／①ドームステップス
75	八つ橋製造工場	1st／③ジャンプハング
76	クッキング戦士	1st／①ドームステップス
77	モデル	1st／③ジャンプハング
78	元国士舘大学新体操部	1st／⑤ロッググリップ
79	スタントマン	1st／⑤ロッググリップ
80	プロロッククライマー	3rd／④アルティメットクリフハンガー
81	早稲田大学4年生	1st／①ドームステップス
82	写真家	1st／③ジャンプハング
83	コシヒカリ農家	1st／①ドームステップス
84	「イチゴの里」従業員	1st／①ドームステップス
85	鯖へしこキャンペーン隊長	1st／②ローリング丸太
86	萩市役所職員	1st／①ドームステップス
87	建設業	1st／⑤ロッググリップ
88	名古屋コーチン生産農家	1st／①ドームステップス
89	第23回大会ファイナリスト	2nd／④バランスタンク
90	SASUKE唯一の皆勤賞	2nd／④バランスタンク
91	接骨院の先生	1st／①ドームステップス
92	キタガワ電気 店長	1st／⑦サークルスライダー
93	ぶどう農家	1st／①ドームステップス
94	とうふちくわ大使	1st／①ドームステップス
95	紙の製造業	1st／①ドームステップス
96	プロタップダンサー	1st／①ドームステップス
97	善照寺 住職	1st／①ドームステップス
98	史上初の完全制覇者	1st／⑥そり立つ壁
99	史上2人目の完全制覇者	1st／⑦サークルスライダー
100	史上3人目の完全制覇者	2nd／②ダブルサーモンラダー

第26回大会 SASUKE2011謹賀新年

DATA

放送：2011年1月2日（日）21:00〜23:39

STAGE	クリア	
1st STAGE	10	①ステップスライダー ②ハザードスイング ③ローリングエスカルゴ ④ジャンピングスパイダー ⑤ハーフパイプアタック ⑥そり立つ壁 ⑦ジャイアントスイング ⑧ターザンロープ ⑨ロープラダー
2nd STAGE	6	①スライダードロップ ②ダブルサーモンラダー ③アンステーブルブリッジ ④バランスタンク ⑤メタルスピン ⑥ウォールリフティング
3rd STAGE	0	①ルーレットシリンダー ②ドアノブグラスパー ③サイクルロード ④アルティメットクリフハンガー

新エリア・ローリングエスカルゴが猛威を振るい、強烈な遠心力で吹っ飛ばされる出場者が続出。さらに第24回大会で引退した山田勝己が電撃復帰。「帰ってきたミスターSASUKE」は輝きを取り戻すことができるのか！

職業／肩書き	結果／リタイアエリア
第76回箱根駅伝 第9区 区間新樹立	1st／①ステップスライダー
書家	1st／③ローリングエスカルゴ
熊手職人	1st／①ステップスライダー
ヤマダ電機	1st／②ハザードスイング
ウエイトリフティング75kg級元日本代表	1st／①ステップスライダー
超速中華鍋曲げの筋肉マン	1st／③ローリングエスカルゴ
プロジャグラー	1st／③ローリングエスカルゴ
お笑い芸人	1st／②ハザードスイング
USAチアリーディング優勝	1st／④ジャンピングスパイダー
街のパン職人	1st／①ステップスライダー
カリスマホスト	1st／①ステップスライダー
ミスターナルシスト	1st／③ローリングエスカルゴ
TBSアナウンサー	1st／①ステップスライダー
TBSアナウンサー	1st／①ステップスライダー
寿司職人	1st／①ステップスライダー
総合格闘家	1st／①ステップスライダー
世界のたこ店長	1st／③ローリングエスカルゴ
メタルアーティスト	1st／①ステップスライダー
カリスマモデル	1st／②ハザードスイング
安田大サーカス	1st／②ハザードスイング
グラビアアイドル	1st／①ステップスライダー
魅惑の立体造形家	1st／①ステップスライダー
ハンググライダー男	1st／①ステップスライダー
神社仏閣の製造・修復	1st／③ローリングエスカルゴ
フィットネスインストラクター	1st／③ローリングエスカルゴ
俳優	1st／③ローリングエスカルゴ
『KUNOICHI』完全制覇者	1st／③ローリングエスカルゴ
女子ラグビー選手	1st／③ローリングエスカルゴ
俳優・『世界の車窓から』ナレーター	1st／③ローリングエスカルゴ
新選組リアン	1st／④ジャンピングスパイダー
新選組リアン	1st／⑤ハーフパイプアタック
総合格闘家	1st／②ハザードスイング
マッスルミュージカル	1st／⑨ロープラダー

職業／肩書き	結果／リタイアエリア
モンスターエンジン	1st／①ステップスライダー
モンスターエンジン	1st／①ステップスライダー
パルクール	1st／③ローリングエスカルゴ
ものまね芸人	1st／①ステップスライダー
ものまね芸人	1st／①ステップスライダー
ものまね芸人	1st／①ステップスライダー
ウサギ専門店	1st／③ローリングエスカルゴ
俳優	1st／②ハザードスイング
サッカー元日本代表	1st／②ハザードスイング
ソフトウェアエンジニア	3rd／②ドアノブグラスパー
スタントマン	3rd／④アルティメットクリフハンガー
プロMTBライダー	1st／⑨ロープラダー
ミュージシャン	3rd／④アルティメットクリフハンガー
サバンナ	1st／①ステップスライダー
東アジア大会棒高跳び金メダル	1st／③ローリングエスカルゴ
タレント	1st／③ローリングエスカルゴ
全日本体操競技選手権鉄棒優勝	1st／⑤ハーフパイプアタック
ピザ店	2nd／④バランスタンク
マッスルミュージカル	2nd／②ダブルサーモンラダー
モンスターボックス世界記録保持者	2nd／②ダブルサーモンラダー
ハンドボール日本代表	1st／③ローリングエスカルゴ
帰ってきたミスターSASUKE	1st／④ジャンピングスパイダー
体操のお兄さん	1st／④ジャンピングスパイダー
三代目J Soul Brothers from EXILE TRIBE	1st／⑤ハーフパイプアタック
プロフリーランニング選手	3rd／①ルーレットシリンダー
SASUKE唯一の皆勤賞	1st／③ローリングエスカルゴ
プロロッククライマー	3rd／④アルティメットクリフハンガー
第23回大会ファイナリスト	1st／③ローリングエスカルゴ
第24回大会ファイナリスト	1st／③ローリングエスカルゴ
世界陸上200m日本代表	3rd／④アルティメットクリフハンガー
ジムインストラクター	2nd／⑤メタルスピン
史上2人目の完全制覇者	1st／④ジャンピングスパイダー
史上3人目の完全制覇者	1st／⑤ハーフパイプアタック

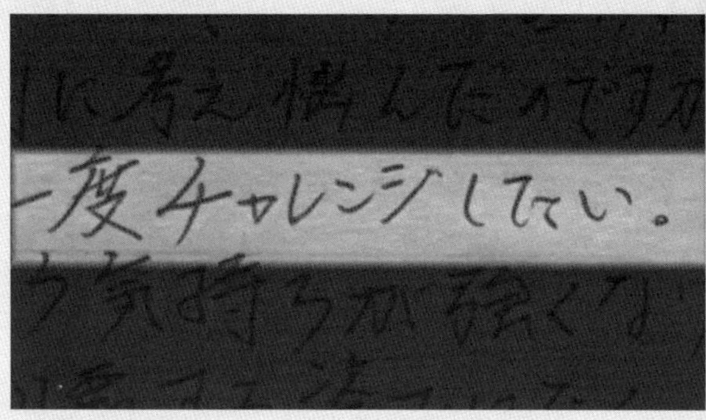

第27回大会 SASUKE2011秋

DATA

放送：2011年10月3日（月）19:00～22:47

STAGE	クリア	エリア
1st STAGE	27	①ステップスライダー ②ローリングエスカルゴ ③ジャイアントスイング ④ジャンピングスパイダー ⑤ハーフパイプアタック ⑥そり立つ壁 ⑦スピンブリッジ ⑧ターザンロープ ⑨ロープラダー
2nd STAGE	10	①スライダードロップ ②ダブルサーモンラダー ③アンステーブルブリッジ ④バランスタンク ⑤メタルスピン ⑥ウォールリフティング
3rd STAGE	2	①アームバイク ②フライングバー ③アルティメットクリフハンガー ④ジャンピングリング ⑤チェーンシーソー ⑥ロープクライム ⑦バーグライダー
FINAL STAGE	完全制覇 1	①アルティメットロープクライム（20m綱登り）

長野誠が3rdステージでリタイア、新世代の又地諒と漆原裕治がFINALに進出した第27回大会。そして漆原は過去に誰も成し遂げることができなかった二度目の完全制覇を達成！ ここに伝説は誕生した！

職業／肩書き	結果／リタイアエリア
第23回大会ファイナリスト	2nd／①スライダードロップ
寝具クリーニング業	1st／③ジャイアントスイング
食品卸売業社長	1st／②ローリングエスカルゴ
ウエイトリフティング75kg級元日本代表	1st／②ローリングエスカルゴ
プロレスラー	1st／①ステップスライダー
プロMTBライダー	2nd／⑤メタルスピン
自衛隊員	1st／②ローリングエスカルゴ
マッスルミュージカル	1st／⑦スピンブリッジ
商社マン	1st／⑥そり立つ壁
俳優・『世界の車窓から』ナレーター	1st／②ローリングエスカルゴ
弁護士	1st／②ローリングエスカルゴ
ハイキングウォーキング	1st／①ステップスライダー
『KUNOICHI』完全制覇者	1st／⑤ハーフパイプアタック
ギネス認定史上最年少マジシャン	1st／②ローリングエスカルゴ
ビーチサッカーW杯日本代表	1st／②ローリングエスカルゴ
アームレスリング世界チャンピオン	1st／②ローリングエスカルゴ
倉敷芸術科学大学	1st／④ジャンピングスパイダー
しいたけ農家	1st／②ローリングエスカルゴ
弁慶の力餅競技大会 優勝	1st／②ローリングエスカルゴ
ポールダンサー	1st／⑤ハーフパイプアタック
少林寺拳法の拳士	1st／①ステップスライダー
ハイキングウォーキング	1st／①ステップスライダー
街のパン屋さん	1st／②ローリングエスカルゴ
中学生	1st／③ジャイアントスイング
ドライバー	1st／②ローリングエスカルゴ
グラビアプロレスラー	1st／①ステップスライダー
社交ダンスインストラクター	1st／③ジャイアントスイング
街のラーメン屋さん	1st／④ジャンピングスパイダー
お笑い芸人	1st／①ステップスライダー
元衆議院議員	1st／①ステップスライダー
$3050で出場権落札	1st／②ローリングエスカルゴ
岩手県の漁師	1st／②ローリングエスカルゴ
マッスルミュージカル	2nd／②ダブルサーモンラダー
お笑い芸人	1st／②ローリングエスカルゴ
第24回大会ファイナリスト	1st／⑦スピンブリッジ
レーシングドライバー	1st／②ローリングエスカルゴ
パティシエ	1st／②ローリングエスカルゴ
運送業	1st／②ローリングエスカルゴ
ニューハーフプロレスラー	1st／①ステップスライダー
韓国料理店 店長	1st／②ローリングエスカルゴ
マッスルミュージカル	1st／②ローリングエスカルゴ
立体造形家	1st／①ステップスライダー
東京人学大学院生	1st／③ジャイアントスイング
ジャガー整備士	1st／⑤ハーノパイプアタック
マッスルミュージカル	1st／⑤ハーフパイプアタック
IT起業家	1st／②ローリングエスカルゴ
植木職人	2nd／②ダブルサーモンラダー
プロフリーランナー	2nd／①スライダードロップ
小学校教師	1st／④ジャンピングスパイダー
電気店	1st／③ジャイアントスイング

職業／肩書き	結果／リタイアエリア
ソフトウェアエンジニア	3rd／③アルティメットクリフハンガー
セーフティスペシャリスト	3rd／③アルティメットクリフハンガー
スタントマン	2nd／⑤メタルスピン
フリーランナー	2nd／②ダブルサーモンラダー
株式投資家	2nd／⑤メタルスピン
ダンス指導員	2nd／⑤メタルスピン
大学生	3rd／③アルティメットクリフハンガー
塗装工	FINAL／①アルティメットロープクライム
ハンググライダー男	1st／②ローリングエスカルゴ
世界のたこ店長	1st／①ステップスライダー
会社員	1st／⑥そり立つ壁
電気工事	1st／②ローリングエスカルゴ
ガラス製造業	1st／②ローリングエスカルゴ
マッスルミュージカル	1st／③ジャイアントスイング
ラグビー	1st／④ジャンピングスパイダー
消防士	1st／⑥そり立つ壁
新選組リアン	1st／②ローリングエスカルゴ
元WBC世界フライ級チャンピオン	1st／①ステップスライダー
漬物製造業	1st／③ジャイアントスイング
アメリカ予選9位	1st／⑥そり立つ壁
消防士	1st／⑥そり立つ壁
製造業	1st／⑥そり立つ壁
空手家／保育士	1st／②ローリングエスカルゴ
第24回大会ファイナリスト	3rd／⑤チェーンシーソー
運送業	2nd／①スライダードロップ
マッスルミュージカル	2nd／①スライダードロップ
携帯電話販売員	2nd／②ダブルサーモンラダー
うんてい日本記録保持者	2nd／⑤メタルスピン
運動指導員	2nd／②ダブルサーモンラダー
日本予選1位	2nd／⑤メタルスピン
ボディービルダー	1st／②ローリングエスカルゴ
ミュージカル ラスベガス	1st／⑦スピンブリッジ
スタントマン	1st／②ローリングエスカルゴ
SASUKE唯一の皆勤賞	1st／⑦スピンブリッジ
バンクーバー五輪クロスカントリー日本代表	1st／②ローリングエスカルゴ
ミスターSASUKE	1st／⑥そり立つ壁
芸能界No.1アスリート	2nd／②ダブルサーモンラダー
アジア大会レスリング金メダリスト	1st／③ジャイアントスイング
競輪選手	1st／⑥そり立つ壁
アジア大会ハードル日本代表	1st／②ローリングエスカルゴ
プロボディボーダー	1st／③ジャイアントスイング
アイスホッケー	1st／③ジャイアントスイング
モンスターボックス世界記録保持者	2nd／②ダブルサーモンラダー
マッスルミュージカル	3rd／②フライングバー
世界陸上200m日本代表	3rd／②フライングバー
プロロッククライマー	1st／①ステップスライダー
ミュージシャン	3rd／③アルティメットクリフハンガー
史上3人目の完全制覇者	完全制覇
史上2人目の完全制覇者	3rd／③アルティメットクリフハンガー

第28回大会 SASUKE2012

DATA

放送：2012年12月27日（木）18:30～21:49

STAGE	クリア	エリア
1st STAGE	5	①五段跳び ②ローリングエスカルゴ ③スピンブリッジ ④ジャンプハング改 ⑤2連そり立つ壁 ⑥ターザンロープ ⑦ロープラダー
2nd STAGE	3	①クロススライダー ②スワップサーモンラダー ③アンステーブルブリッジ ④スパイダーウォーク ⑤バックストリーム ⑥パッシングウォール
3rd STAGE	0	①ランブリングダイス ②アイアンパドラー ③クレイジークリフハンガー ④カーテンクリング ⑤バーティカルリミット ⑥パイプスライダー

SASUKEオールスターズが久々に揃い踏み、最後の戦いを繰り広げたメモリアルな大会。しかしオールスターズは1stステージで全滅、新世代がその後の『SASUKE』を引っ張っていくことを知らしめる大会ともなった。

職業／肩書き	結果／リタイアエリア
2012年 福男	1st／②ローリングエスカルゴ
高田道場	1st／②ローリングエスカルゴ
お笑い芸人	1st／②ローリングエスカルゴ
ボディビルダー	1st／②ローリングエスカルゴ
陸上自衛隊 元レンジャー隊	1st／②ローリングエスカルゴ
日本銀行	1st／②ローリングエスカルゴ
総合格闘技ZST王者	1st／②ローリングエスカルゴ
元ウエイトリフティング日本代表	1st／③スピンブリッジ
ラフティングガイド	1st／③スピンブリッジ
マジシャン	1st／①五段跳び
海上自衛隊	1st／②ローリングエスカルゴ
Eggs'n Thingsのウェイター	1st／②ローリングエスカルゴ
チアリーディング指導	1st／③スピンブリッジ
富士重工工場	1st／③スピンブリッジ
ブレイクダンサー日本代表	1st／③スピンブリッジ
僧侶	1st／②ローリングエスカルゴ
アート引越センター	1st／③スピンブリッジ
水道局	1st／②ローリングエスカルゴ
イケメン高校3年生	1st／②ローリングエスカルゴ
加圧トレーナー	1st／③スピンブリッジ
忍者村の忍者	1st／②ローリングエスカルゴ
カポエイラ	1st／③スピンブリッジ
厚木中学校 保健体育教師	1st／③スピンブリッジ
消防士	1st／②ローリングエスカルゴ
日本国際テコンドー協会 理事	1st／③スピンブリッジ
湘南美容外科クリニック	1st／②ローリングエスカルゴ
スーパーマーケット	1st／②ローリングエスカルゴ
KDDI	1st／②ローリングエスカルゴ
ゴールデンボンバー ドラム	1st／②ローリングエスカルゴ
俳優	1st／②ローリングエスカルゴ
モデル	1st／②ローリングエスカルゴ
パチンコ屋バイト	1st／②ローリングエスカルゴ
銀座の黒服	1st／③スピンブリッジ
プロフィギュアスケーター	1st／②ローリングエスカルゴ
中学1年生	1st／③スピンブリッジ
GENERATIONS	1st／②ローリングエスカルゴ
タレント	1st／②ローリングエスカルゴ
D☆DATE	1st／②ローリングエスカルゴ
山崎製パン	1st／④ジャンプハング改
イカ加工品の製造	1st／②ローリングエスカルゴ
三井物産	1st／③スピンブリッジ
ジムインストラクター	1st／③スピンブリッジ
吉野家 店長	1st／②ローリングエスカルゴ
すき家	1st／③スピンブリッジ
陸上十種競技選手	2nd／②スワップサーモンラダー
回転ずし銚子丸 店長	1st／③スピンブリッジ
チーフフロア長	1st／②ローリングエスカルゴ
ドラコンプロ	1st／④ジャンプハング改
おくりびと	1st／③スピンブリッジ
ハチミツ農家	1st／②ローリングエスカルゴ

職業／肩書き	結果／リタイアエリア
東京海上	1st／②ローリングエスカルゴ
撃鉄 ボーカル	1st／②ローリングエスカルゴ
全日本女子相撲準優勝	1st／①五段跳び
居酒屋「江戸っ子」タコ店長	1st／①五段跳び
オカマバー「DNA」	1st／①五段跳び
東京大学薬学部2年アメフト部	1st／②ローリングエスカルゴ
ミスターミニット	1st／②ローリングエスカルゴ
植木職人	3rd／③クレイジークリフハンガー
美容師	1st／③スピンブリッジ
専門学校生	1st／⑤2連そり立つ壁
元国会議員タレント	1st／②ローリングエスカルゴ
ツィンテル	1st／②ローリングエスカルゴ
俳優	1st／①五段跳び
横須賀市上下水道	1st／②ローリングエスカルゴ
製薬会社	1st／①五段跳び
HONDA豊橋飯村北店 店長	1st／④ジャンプハング改
伊賀市役所	1st／④ジャンプハング改
解体業	1st／④ジャンプハング改
鹿児島大学医学部	1st／④ジャンプハング改
遊亀公園付属動物園 飼育員	1st／③スピンブリッジ
プログラマー	1st／②ローリングエスカルゴ
アメリカ代表	1st／②ローリングエスカルゴ
シンガポール代表	1st／④ジャンプハング改
理学医療師	1st／③スピンブリッジ
厚生労働省の官僚	1st／②ローリングエスカルゴ
タレント	1st／②ローリングエスカルゴ
脳神経外科医	1st／③スピンブリッジ
自動車部品卸売業	1st／③スピンブリッジ
配管工事	1st／②ローリングエスカルゴ
空港グランドハンドリング	1st／②ローリングエスカルゴ
肉体派お笑い芸人	1st／⑤2連そり立つ壁
主婦	1st／②ローリングエスカルゴ
シドニー五輪200m背泳ぎ4位	1st／①五段跳び
スポーツトレーナー	1st／③スピンブリッジ
元日本代表リレー選手	1st／③スピンブリッジ
芸能界No.1アスリート	1st／⑦ロープラダー
東方神起 バックダンサー	1st／③スピンブリッジ
第27回大会ファイナリスト	2nd／⑥パッシングウォール
二度の完全制覇者	3rd／③クレイジークリフハンガー
第23回大会ファイナリスト	3rd／③クレイジークリフハンガー
シルク・ドゥ・ソレイユ登録アーティスト	1st／④ジャンプハング改
マレーシア代表	1st／⑥ターザンロープ
シンガポール代表	1st／③スピンブリッジ
アメリカ代表	1st／②ローリングエスカルゴ
北京五輪体操男子団体銀メダル	1st／⑤2連そり立つ壁
逢和治療院 院長	1st／③スピンブリッジ
史上最強の消防士	1st／②ローリングエスカルゴ
無職	1st／③スピンブリッジ
鉄工所アルバイト	1st／⑤2連そり立つ壁
漁師	1st／⑤2連そり立つ壁

第29回大会 SASUKE2013

DATA

放送：2013年6月27日（木）19:00～21:49

STAGE	クリア	エリア
1st STAGE	21	①ロングジャンプ ②ロググリップ ③ヘッジホッグ ④ジャンプハング改 ⑤2連そり立つ壁 ⑥ターザンロープ ⑦ロープラダー
2nd STAGE	4	①クロススライダー ②スワップサーモンラダー ③アンステーブルブリッジ ④スパイダーウォーク ⑤バックストリーム ⑥パッシングウォール
3rd STAGE	0	①ランブリングダイス ②アイアンパドラー ③クレイジークリフハンガー ④カーテンクリング ⑤バーティカルリミット ⑥パイプスライダー

前回大会で引退した山田勝己は「黒虎」を結成、後進に自らの夢を託す。山本進悟は前回大会での引退宣言を撤回、予選会から勝ち上がっての参戦。そんな中、最優秀成績者となったのは後の完全王者、森本裕介だった。

	職業／肩書き	結果／リタイアエリア
1	2013年 福男	1st／④ジャンプハング改
2	ハマカーン	1st／④ジャンプハング改
3	人力車車夫	1st／①ロングジャンプ
4	プロダブルダッチプレーヤー	1st／③ヘッジホッグ
5	美人空手家	1st／④ジャンプハング改
6	元ウエイトリフティング日本代表	1st／①ロングジャンプ
7	プロバスケ選手	1st／③ヘッジホッグ
8	ヤマサ醤油	1st／③ヘッジホッグ
9	忍屋浅草EKIMISE店 店長	1st／③ヘッジホッグ
10	動物薬品営業マン	1st／③ヘッジホッグ
11	キングコング	1st／④ジャンプハング改
12	元K-1ファイター	1st／①ロングジャンプ
13	保険会社の営業	1st／③ヘッジホッグ
14	建設業設計士	1st／③ヘッジホッグ
15	アパレル店員	1st／③ヘッジホッグ
16	メッセンジャー	1st／③ヘッジホッグ
17	プロボディーボーダー	1st／②ロググリップ
18	ラーメン屋店長	1st／④ジャンプハング改
19	Eggs'n Things ウェイター	1st／③ヘッジホッグ
20	山崎製パン 店長	1st／②ロググリップ
21	初代ミスタージャパン	1st／④ジャンプハング改
22	モデル	1st／④ジャンプハング改
23	プロダンサー	1st／③ヘッジホッグ
24	男子シンクロ	1st／③ヘッジホッグ
25	SOLIDEMO	1st／⑤2連そり立つ壁
26	小田急バス 運転士	1st／①ロングジャンプ
27	アクロバットパフォーマー	1st／③ヘッジホッグ
28	大久保仏壇店 店主	1st／③ヘッジホッグ
29	神棚職人	1st／⑤2連そり立つ壁
30	厚生労働省の官僚	1st／④ジャンプハング改
31	プロフィギュアスケーター	1st／②ロググリップ
32	プロレスラー	1st／①ロングジャンプ
33	弾丸ジャッキー	1st／③ヘッジホッグ
34	毎日新聞社	1st／①ロングジャンプ
35	内閣総理大臣認可団体 職員	1st／③ヘッジホッグ
36	自動車整備工場	2nd／⑤バックストリーム
37	ドラコンプロ	1st／⑤2連そり立つ壁
38	整備士	1st／④ジャンプハング改
39	東京大学大学院生	1st／③ヘッジホッグ
40	カッター屋	1st／⑤2連そり立つ壁
41	島根県浜田市体育協会 体操指導員	2nd／⑤バックストリーム
42	シュートボクシング世界王者	1st／④ジャンプハング改
43	木こり	1st／③ヘッジホッグ
44	警備会社	1st／①ロングジャンプ
45	ツィンテル	1st／①ロングジャンプ
46	パフォーマンスチーム「PADMA」代表	1st／⑤2連そり立つ壁
47	山田軍団【黒虎】ゲームセンター従業員	1st／④ジャンプハング改
48	山田軍団【黒虎】大阪市中央卸売市場海老専門店	1st／⑤2連そり立つ壁
49	山田軍団【黒虎】アリさんマークの引越社	1st／①ロングジャンプ
50	山田軍団【黒虎】住宅設計士	1st／①ロングジャンプ
51	撃鉄 ボーカル	1st／④ジャンプハング改
52	タクシードライバー	1st／①ロングジャンプ
53	介護ヘルパー	1st／①ロングジャンプ
54	お笑い芸人	1st／③ヘッジホッグ
55	タレント	1st／③ヘッジホッグ
56	スポーツトレーナー	2nd／⑥パッシングウォール
57	プロMTBライダー	2nd／⑥パッシングウォール
58	元体操選手	1st／④ジャンプハング改
59	新聞奨学生	1st／③ヘッジホッグ
60	スポーツ専門学校生	2nd／⑤バックストリーム
61	海上自衛官	2nd／①クロススライダー
62	スタントマン	2nd／②スワップサーモンラダー
63	空手・合気道指導員	1st／⑤2連そり立つ壁
64	アクロバット・タンブリング指導員	1st／⑦ロープラダー
65	鹿児島大学医学部2年生	2nd／②スワップサーモンラダー
66	アバクロモデル	1st／③ヘッジホッグ
67	居酒屋「地どり屋」店長	2nd／⑤バックストリーム
68	アパレル販売員「VANQUISH」店長	1st／⑤2連そり立つ壁
69	消防士	1st／③ヘッジホッグ
70	東京都水道局	1st／④ジャンプハング改
71	小学校教諭	1st／④ジャンプハング改
72	肩書き不明	1st／リタイア
73	キタガワ電気 店長	2nd／⑤バックストリーム
74	自動車整備士	1st／③ヘッジホッグ
75	ヤマト運輸	1st／③ヘッジホッグ
76	北海道大学	1st／⑤2連そり立つ壁
77	ラフティングガイド	1st／④ジャンプハング改
78	スポーツインストラクター	1st／⑦ロープラダー
79	高知大学理学部4年生	3rd／⑥パイプスライダー
80	美容師	1st／⑦ロープラダー
81	シドニー五輪200m背泳ぎ4位	1st／③ヘッジホッグ
82	専業主婦	1st／④ジャンプハング改
83	WBA世界ミニマム級王者	1st／④ジャンプハング改
84	アテネ五輪体操男子団体金メダル	1st／④ジャンプハング改
85	肉体派お笑い芸人	1st／⑦ロープラダー
86	ペナルティ	2nd／②スワップサーモンラダー
87	KONG EXPRESS 代表	3rd／③クレイジークリフハンガー
88	商社の営業マン	1st／③ヘッジホッグ
89	スポーツトレーナー	2nd／⑤バックストリーム
90	スポーツジムトレーナー	2nd／⑤バックストリーム
91	慶應義塾大学文学部4年生	2nd／⑤バックストリーム
92	慶應義塾大学	1st／③ヘッジホッグ
93	体操クラブコーチ	2nd／⑥パッシングウォール
94	タレント	1st／①ロングジャンプ
95	消防士	1st／③ヘッジホッグ
96	植木職人	3rd／③クレイジークリフハンガー
97	シルバーアクセサリーデザイナー	3rd／③クレイジークリフハンガー
98	配管工	2nd／⑤バックストリーム
99	靴のハルタ 営業	2nd／⑤バックストリーム
100	漁師	1st／⑤2連そり立つ壁

第30回大会 SASUKE2014

放送：2014年7月3日（木）18:57～22:48

DATA		
1st STAGE	クリア 27	①ロングジャンプ ②ロググリップ ③ヘッジホッグ ④ジャンプハング ⑤2連そり立つ壁 ⑥ターザンロープ ⑦ランバージャッククライム
2nd STAGE	クリア 9	①クロススライダー ②スワップサーモンラダー ③アンステーブルブリッジ ④スパイダーウォーク・ドロップ ⑤バックストリーム ⑥ウォールリフティング
3rd STAGE	クリア 2	①ランブリングダイス ②アイアンパドラー ③ドラムホッパー ④クレイジークリフハンガー ⑤バーティカルリミット ⑥パイプスライダー
FINAL STAGE	完全制覇 0	①スパイダークライム(12m) ②綱登り(12m)

山本浩茂が「黒虎」として初の1stステージクリアを達成した第30回記念大会。FINALに進んだのは初挑戦となる新世代の伏兵・川口朋広と、リベンジを狙う又地諒。ともに新世代、期待のホープたちだった。

	職業／肩書き	結果／リタイアエリア
2901	元WBC世界フライ級チャンピオン	1st／④ジャンプハング
2902	俳優	1st／⑤2連そり立つ壁
2903	元ウエイトリフティング日本代表	1st／③ヘッジホッグ
2904	医薬品メーカーの営業マン	1st／②ロググリップ
2905	イタリアンのコックさん	1st／②ロググリップ
2906	阿蘇ミルク牧場	1st／②ロググリップ
2907	温泉旅館若旦那	1st／②ロググリップ
2908	クルーズ船「シンフォニー」乗務員	1st／③ヘッジホッグ
2909	幼稚園教諭	1st／⑤2連そり立つ壁
2910	独立行政法人造幣局局員	1st／⑥ターザンロープ
2911	弾丸ジャッキー	1st／④ジャンプハング
2912	イケメン料理研究家	1st／③ヘッジホッグ
2913	灘高校2年生	1st／②ロググリップ
2914	東京大学大学院生	2nd／棄権
2915	住友商事 営業	1st／⑤2連そり立つ壁
2916	元スノーボード五輪代表	1st／③ヘッジホッグ
2917	米軍岩国基地消防隊員	1st／③ヘッジホッグ
2918	郡司材木店 従業員	1st／④ジャンプハング
2919	『週刊TVガイド』記者	1st／①ロングジャンプ
2920	製造所で機械整備	1st／③ヘッジホッグ
2921	板橋区赤坂第一中学2年生	1st／②ロググリップ
2922	新宿歌舞伎町「ニューハーフクラブメモリー」所属	1st／②ロググリップ
2923	関西インターナショナルハイスクール国際高等課程1年生	1st／②ロググリップ
2924	長野五輪スキー審判員	1st／③ヘッジホッグ
2925	小児科医	1st／①ロングジャンプ
2926	ムエタイ世界チャンピオン	1st／②ロググリップ
2927	メナードフェイシャルサロン 経営	1st／②ロググリップ
2928	プロジャズサックスプレーヤー	1st／②ロググリップ
2929	シュートボクシングの女王	1st／②ロググリップ
2930	ポールダンサー	1st／③ヘッジホッグ
2931	山田軍団【黒虎】倉庫業	1st／⑥ターザンロープ
2932	山田軍団【黒虎】ゲームセンター従業員	2nd／②スワップサーモンラダー
2933	山田軍団【黒虎】ヤマト運輸	1st／②ロググリップ
2935	キタガワ電気 店長	3rd／④クレイジークリフハンガー
2936	忍者ユニット「湯けむり忍者隊 葉隠一族」	1st／④ジャンプハング
2937	大工	1st／⑤2連そり立つ壁
2938	RIZAP トレーナー	1st／④ジャンプハング
2939	造船所	1st／③ヘッジホッグ
2940	「ベストボディジャパン」30代の部グランプリ	1st／④ジャンプハング
2941	モデル	1st／③ヘッジホッグ
2942	俳優	1st／③ヘッジホッグ
2943	厚木中学校 保健体育教師	1st／⑤2連そり立つ壁
2944	救助隊員	1st／③ヘッジホッグ
2945	最強のパン屋さん	1st／②ロググリップ
2946	GOLD'S GYM プロトレーナー	1st／②ロググリップ
2947	京都大学工学部4年生	1st／②ロググリップ
2948	俳優	1st／④ジャンプハング
2949	俳優	1st／④ジャンプハング
2950	小学校の先生	1st／⑥ターザンロープ
2951	ショーパフォーマー	1st／③ヘッジホッグ
2952	俳優	1st／④ジャンプハング
2953	正和クラブ駒沢公園 インストラクター	1st／③ヘッジホッグ
2954	プロフィギュアスケーター	1st／②ロググリップ
2955	元100mハードル選手	1st／リタイア
2956	全日本新体操選手権優勝	1st／④ジャンプハング
2957	新体操元ロシア代表	1st／④ジャンプハング
2958	アルペン全日本強化指定選手	1st／③ヘッジホッグ
2959	腹筋中学生	1st／⑦ランバージャッククライム
2960	撃鉄 ボーカル	1st／⑤2連そり立つ壁
2961	タレント	1st／④ジャンプハング
2962	陸上自衛隊員	1st／①ロングジャンプ
2963	ボディクリエイターウォーキング講師	1st／④ジャンプハング
2964	解体業	1st／④ジャンプハング
2965	英語教師	2nd／①クロススライダー
2966	台湾代表	1st／④ジャンプハング
2967	コンクリートミキサー車運転手	FINAL／②綱登り(12m)
2968	スポーツジムトレーナー	2nd／⑥ウォールリフティング
2969	幼稚園の体操の先生	2nd／⑥ウォールリフティング
2970	スタントマン	2nd／⑤バックストリーム
2971	鹿児島大学医学部3年生	2nd／②スワップサーモンラダー
2972	プロMTBライダー	2nd／⑥ウォールリフティング
2973	怪力の商社マン	3rd／⑤バーティカルリミット
2974	居酒屋「地どり屋」店長	2nd／⑥ウォールリフティング
2975	カラオケ店員	1st／⑦ランバージャッククライム
2976	銀行員	1st／①ロングジャンプ
2977	神棚職人	1st／①ロングジャンプ
2978	ファイヤーダンサー	1st／⑦ランバージャッククライム
2979	ゴールデンボンバー ドラム	1st／⑦ランバージャッククライム
2980	加圧ジムトレーナー	2nd／②スワップサーモンラダー
2981	肉体派お笑い芸人	2nd／①クロススライダー
2982	ペナルティ	2nd／②スワップサーモンラダー
2983	シルク・ドゥ・ソレイユ公認アクロバットパフォーマー	1st／⑤2連そり立つ壁
2984	元陸上十種競技選手	2nd／②スワップサーモンラダー
2985	フィンスイミング元日本チャンピオン	1st／③ヘッジホッグ
2986	トランポリンパフォーマー	3rd／④クレイジークリフハンガー
2987	クロスカントリー ソチ五輪代表	1st／リタイア
2988	キックボクシング界の若きエース	1st／③ヘッジホッグ
2989	体操 アテネ五輪金メダリスト	1st／⑤2連そり立つ壁
2990	スポーツトレーナー	3rd／④クレイジークリフハンガー
2991	台湾の英雄	3rd／④クレイジークリフハンガー
2992	自動車整備工場 代表	2nd／⑤バックストリーム
2993	靴のハルタ 営業	2nd／⑥ウォールリフティング
2994	配管工	FINAL／②綱登り(12m)
2995	KONG EXPRESS 代表	2nd／②スワップサーモンラダー
2996	シルバーアクセサリーデザイナー	3rd／④クレイジークリフハンガー
2997	千葉県印西市役所	1st／④ジャンプハング
2998	植木職人	3rd／④クレイジークリフハンガー
2999	漁師	2nd／②スワップサーモンラダー
3000	高知大学大学院1年生	2nd／⑥ウォールリフティング

第31回大会 SASUKE2015

放送：2015年7月1日（水）19:00～22:54

DATA

STAGE	クリア	エリア
1st STAGE	クリア 17	①ローリングヒル ②ロググリップ ③オルゴール ④ジャンプハング ⑤タックル ⑥そり立つ壁 ⑦ターザンロープ ⑧ランバージャッククライム
2nd STAGE	クリア 8	①クロススライダー ②サーモンラダー上り ③サーモンラダー下り ④スパイダーウォーク ⑤スパイダードロップ ⑥バックストリーム ⑦ウォールリフティング
3rd STAGE	クリア 1	①ドラムホッパー ②アイアンパドラー ③サイドワインダー・R ④クレイジークリフハンガー ⑤バーティカルリミット改 ⑥パイプスライダー
FINAL STAGE	完全制覇 1	①スパイダークライム(12m) ②綱登り(12m)

新世代がオールスターズに代わり『SASUKE』の中心となり、ゴールデンボンバー樽美酒研二など芸能人の実力者も台頭。そんな中、新世代よりもさらに若い世代のエース、森本裕介が史上4人目となる完全制覇を果たす！

	職業／肩書き	結果／リタイアエリア
1	元WBA世界ミニマム級チャンピオン	1st／①ローリングヒル
2	パンサー	1st／①ローリングヒル
3	人材派遣	1st／①ローリングヒル
4	ミスターワールド	1st／④ジャンプハング
5	蔵人	1st／①ローリングヒル
6	人力車俥夫	1st／①ローリングヒル
7	JR高速バス運転士	1st／①ローリングヒル
8	クイックルワイパー発明者	1st／③オルゴール
9	神輿担ぎ	1st／①ローリングヒル
10	弁護士	1st／①ローリングヒル
11	お笑い芸人	1st／①ローリングヒル
12	俳優	1st／③オルゴール
13	土産店	1st／③オルゴール
14	ドン・キホーテ 正社員	1st／③オルゴール
15	酪農家	1st／④ジャンプハング
16	バンダイ	1st／③オルゴール
17	鉄板焼き	1st／③オルゴール
18	歯科医	1st／①ローリングヒル
19	コシヒカリ農家	1st／③オルゴール
20	米穀店	1st／⑥そり立つ壁
21	プロレスラー	1st／⑥そり立つ壁
22	声優	1st／①ローリングヒル
23	遊園地整備士	1st／②ロググリップ
24	遊覧船船長	1st／④ジャンプハング
25	ホテルマン	1st／⑥そり立つ壁
26	林業	1st／④ジャンプハング
27	馬肉居酒屋	1st／①ローリングヒル
28	和太鼓奏者	1st／⑥そり立つ壁
29	掘削業	1st／①ローリングヒル
30	モデル	1st／④ジャンプハング
31	キタガワ電気 店長	3rd／④クレイジークリフハンガー
32	山田軍団【黒虎】倉庫管理	1st／⑧ランバージャッククライム
33	山田軍団【黒虎】建築現場指揮官	1st／⑦ターザンロープ
34	山田軍団【黒虎】ゲームセンター従業員	2nd／⑦ウォールリフティング
35	陸上自衛隊三等陸曹	1st／⑧ランバージャッククライム
36	下着モデル	1st／⑥そり立つ壁
37	東京大学医学部	1st／③オルゴール
38	大阪大学工学部	1st／①ローリングヒル
39	RIZAP トレーナー	1st／③オルゴール
40	葬祭業	2nd／②サーモンラダー上り
41	ゴールデンボンバー ギター	1st／①ローリングヒル
42	ショーパブダンサー	1st／⑥そり立つ壁
43	TBSアナウンサー	1st／①ローリングヒル
44	バンドボーカル	1st／⑦ターザンロープ
45	YouTuber	1st／⑥そり立つ壁
46	ニコニコユーザー	1st／①ローリングヒル
47	ホスト	1st／①ローリングヒル
48	ビジュアル系バンドボーカル	1st／⑥そり立つ壁
49	中国雑技団	2nd／⑦ウォールリフティング
50	漁師	1st／①ローリングヒル
51	グラビアアイドル	1st／①ローリングヒル
52	日本女子体育大学	1st／⑥そり立つ壁
53	社交ダンサー	1st／①ローリングヒル
54	キックボクサー	1st／①ローリングヒル
55	モデル	1st／③オルゴール
56	主婦	1st／③オルゴール
57	東京大学教育学部	1st／③オルゴール
58	女優	1st／①ローリングヒル
59	グラビアアイドル	1st／①ローリングヒル
60	グラビアアイドル	1st／①ローリングヒル
61	アルペン全日本強化指定選手	1st／④ジャンプハング
62	スラックライン女子世界ランキング1位	1st／⑤タックル
63	世界陸上北京アスリートキャスター	1st／⑥そり立つ壁
64	俳優	1st／⑥そり立つ壁
65	厚木中学校 体育教師	1st／③オルゴール
66	陸上自衛隊第一空挺団	1st／③オルゴール
67	山口県周南消防消防士	1st／③オルゴール
68	JR御茶ノ水駅員	1st／④ジャンプハング
69	ライフセーバー	1st／⑦ターザンロープ
70	茅葺き屋根職人	1st／⑥そり立つ壁
71	ゴミ収集員	1st／②ロググリップ
72	タヒチアンダンス講師	3rd／④クレイジークリフハンガー
73	郵便局員	1st／③オルゴール
74	古紙回収業	1st／①ローリングヒル
75	英語教師	2nd／①クロススライダー
76	メディカル事業	2nd／⑦ウォールリフティング
77	長井ロードカッター 代表取締役	1st／②ロググリップ
78	元400mハードル日本代表	1st／⑧ランバージャッククライム
79	造幣局員	2nd／②サーモンラダー上り
80	躰道指導者	1st／①ローリングヒル
81	A.B.C-Z	1st／⑧ランバージャッククライム
82	ゴールデンボンバー ドラム	2nd／①クロススライダー
83	初代K-1WORLD GP 55kg級王者	1st／⑥そり立つ壁
84	スウェーデン代表	2nd／③サーモンラダー下り
85	台湾代表	1st／④ジャンプハング
86	全日本学生新体操選手権大会4連覇	2nd／①クロススライダー
87	陸上十種競技選手	1st／③オルゴール
88	トランポリンパフォーマー	1st／⑧ランバージャッククライム
89	KONG EXPRESS 代表	3rd／④クレイジークリフハンガー
90	ゴードー商事	棄権
91	高知大学大学院	完全制覇
92	トレーニングジム 経営	1st／①ローリングヒル
93	加圧ジムトレーナー	1st／①ローリングヒル
94	アメリカ代表	3rd／④クレイジークリフハンガー
95	型枠大工	3rd／④クレイジークリフハンガー
96	ビルメンテナンス業	3rd／⑤バーティカルリミット改
97	コンクリートミキサー車運転手	3rd／④クレイジークリフハンガー
98	漁師	1st／⑥そり立つ壁
99	靴のハルタ 営業	1st／⑥そり立つ壁
100	配管工	1st／⑥そり立つ壁

第32回大会 SASUKE2016

DATA

放送：2016年7月3日（日）18:30〜21:48

STAGE	クリア	エリア
1st STAGE	8	①クワッドステップス ②ローリングヒル ③タイファイター ④オルゴール ⑤ダブルペンダラム ⑥タックル ⑦そり立つ壁 ⑧ターザンロープ ⑨ランバージャッククライム
2nd STAGE	8	①クロススライダー ②サーモンラダー上り ③サーモンラダー下り ④スパイダーウォーク ⑤スパイダードロップ ⑥バックストリーム ⑦リバースコンベアー ⑧ウォールリフティング
3rd STAGE	0	①ドラムホッパー改 ②フライングバー ③サイドワインダー改 ④ウルトラクレイジークリフハンガー ⑤バーティカルリミット改 ⑥パイプスライダー

前回の完全制覇を受けて13もの新エリアが登場、改変率なんと50%の第32回大会。そんな新時代の到来と合わせるように、完全制覇者である史上最強の漁師・長野誠が惜しまれつつ現役を引退した。

	職業／肩書き	結果／リタイアエリア
1	トレンディエンジェル	1st／②ローリングヒル
2	アスパラ農家	1st／②ローリングヒル
3	人材派遣アイ・ビー・エス 営業	1st／②ローリングヒル
4	TBSアナウンサー	1st／②ローリングヒル
5	ミスタージャパン	1st／④オルゴール
6	京都大学コーラス部	1st／④オルゴール
7	銀だこ つくばクレオスクエアQ't店 店長	1st／①クワッドステップス
8	キャビンアテンダント	1st／①クワッドステップス
9	世界の山ちゃん 店長	1st／①クワッドステップス
10	ジャングルポケット	1st／①クワッドステップス
11	A.B.C-Z	1st／⑦そり立つ壁
12	あなごどろぼう 店長	1st／①クワッドステップス
13	乗馬インストラクター	1st／①クワッドステップス
14	バーテンダー	1st／①クワッドステップス
15	国際自動車タクシー乗務員	1st／①クワッドステップス
16	伊藤園 営業	1st／③タイファイター
17	バンダイ 営業	1st／④オルゴール
18	フランス料理店オーナーシェフ	1st／①クワッドステップス
19	果物仲卸業	1st／④オルゴール
20	千葉市役所保険年金課	1st／⑦そり立つ壁
21	モデル	1st／⑤ダブルペンダラム
22	畳職人	1st／①クワッドステップス
23	柿農家	1st／①クワッドステップス
24	陸上自衛隊第一空挺団	1st／⑤ダブルペンダラム
25	志布志市役所志布志市水道事業課	1st／⑦そり立つ壁
26	放置自転車取り締まり	1st／①クワッドステップス
27	愛媛の銀行マン	1st／①クワッドステップス
28	伊豆急行保線区	1st／⑤ダブルペンダラム
29	歯科医師	1st／①クワッドステップス
30	家屋解体業	1st／⑤ダブルペンダラム
31	キタガワ電気 店長	1st／⑤ダブルペンダラム
32	山田軍団【黒虎】精密機械加工	1st／③タイファイター
33	山田軍団【黒虎】ゲームセンター従業員	1st／⑨ランバージャッククライム
34	山田軍団【黒虎】海苔機械メンテナンス	1st／⑤ダブルペンダラム
35	足場工事職人	1st／①クワッドステップス
36	順天堂大学 医師	1st／①クワッドステップス
37	キリスト教伝道師	1st／①クワッドステップス
38	本田技研カーデザイナー	1st／③タイファイター
39	ベアハグ整体師	1st／④オルゴール
40	型枠解体業社長	1st／⑤ダブルペンダラム
41	ゴールデンボンバー ギター	1st／③タイファイター
42	元シルク・ドゥ・ソレイユ	1st／①クワッドステップス
43	石垣市消防本部消防士	1st／⑦そり立つ壁
44	弁護士	1st／④オルゴール
45	撃鉄 ボーカル	1st／③タイファイター
46	サカイ引越センター	1st／①クワッドステップス
47	アリさんマークの引越社	1st／⑨ランバージャッククライム
48	RIZAP パーソナルトレーナー	1st／⑦そり立つ壁
49	タイヤメーカー	1st／①クワッドステップス
50	プロレスラー	1st／①クワッドステップス

	職業／肩書き	結果／リタイアエリア
51	女子アメリカ代表	1st／⑨ランバージャッククライム
52	神スイング	1st／①クワッドステップス
53	筋肉アイドル	1st／②ローリングヒル
54	グラビアアイドル	1st／①クワッドステップス
55	SKE48	1st／①クワッドステップス
56	主婦	1st／③タイファイター
57	日本食研 営業	1st／②ローリングヒル
58	漫画家	1st／④オルゴール
59	『王様のブランチ』リポーター	1st／③タイファイター
60	体操教室講師	1st／④オルゴール
61	インターナショナルスクール8年生	1st／⑤ダブルペンダラム
62	スタントマン	3rd／④ウルトラクレイジークリフハンガー
63	YouTuber	1st／④オルゴール
64	日本学術振興会特別研究員	1st／③タイファイター
65	左官業	1st／①クワッドステップス
66	厚木中学 体育教師	3rd／②フライングバー
67	ラフティングガイド	1st／①クワッドステップス
68	NTT東日本 電話工事	1st／①クワッドステップス
69	徳洲会病院研修医	1st／④オルゴール
70	スーパーマーケット店員	1st／⑨ランバージャッククライム
71	板橋大勝軒なりたや 店長	1st／⑧ターザンロープ
72	慶應義塾大学大学院生	1st／⑤ダブルペンダラム
73	スターバックスコーヒージャパン	1st／①クワッドステップス
74	松田水道 経営	1st／④オルゴール
75	テンプル大学 英語教師	1st／④オルゴール
76	パルクール指導員	3rd／④ウルトラクレイジークリフハンガー
77	道の駅まるたけ 三代目	1st／②ローリングヒル
78	サムライ・ロック・オーケストラ	1st／⑦そり立つ壁
79	三郷市立早稲田中学1年生	1st／②ローリングヒル
80	ドラッグストア店員	1st／②ローリングヒル
81	K-1WORLD GP 55kg級 王者	1st／⑧ターザンロープ
82	俳優	1st／⑨ランバージャッククライム
83	元400mハードル日本代表	1st／⑨ランバージャッククライム
84	元中国雑技団パフォーマー	1st／⑦そり立つ壁
85	スウェーデン代表	3rd／③サイドワインダー改
86	台湾代表	1st／⑦そり立つ壁
87	トランポリンパフォーマー	3rd／②フライングバー
88	ゴードー商事 営業	1st／⑦そり立つ壁
89	靴のハルタ 営業	1st／⑤ダブルペンダラム
90	配管工	1st／⑧ターザンロープ
91	ゴールデンボンバー ドラム	1st／③タイファイター
92	KONG EXPRESS 代表	1st／③タイファイター
93	ジムトレーナー	3rd／⑤バーティカルリミット改
94	タヒチアンダンス講師	3rd／②フライングバー
95	型枠大工	1st／③タイファイター
96	ビルメンテナンス業	1st／⑧ターザンロープ
97	コンクリートミキサー車運転手	3rd／②フライングバー
98	加圧ジムトレーナー	1st／⑦そり立つ壁
99	トレーニングジム 経営	1st／⑤ダブルペンダラム
100	漁師	1st／⑨ランバージャッククライム

第33回大会 SASUKE2017春

放送：2017年3月26日（日）18:30〜20:55

DATA

STAGE	クリア	エリア
1st STAGE	13	①クワッドステップス ②ローリングヒル ③タイファイター ④フィッシュボーン ⑤ダブルペンダグラム ⑥タックル ⑦そり立つ壁 ⑧ターザンロープ ⑨ランバージャッククライム
2nd STAGE	5	①リングスライダー ②サーモンラダー上り ③サーモンラダー下り ④スパイダーウォーク ⑤スパイダードロップ ⑥バックストリーム ⑦リバースコンベアー ⑧ウォールリフティング
3rd STAGE	0	①ドラムホッパー改 ②フライングバー ③サイドワインダー改 ④ウルトラクレイジークリフハンガー ⑤バーティカルリミット改 ⑥パイプスライダー

1997年にスタートした『SASUKE』も今大会で20周年。そんな中、「ミスターSASUKE」こと山田勝己が前回大会での「黒虎」全滅を受けて怒りの復活！ 変わらぬ不屈の闘志を見せつけた。

	職業／肩書き	結果／リタイアエリア
1	お笑い芸人	1st／⑤ダブルペンダグラム
2	広島大学相撲部 主将	1st／⑤ダブルペンダグラム
3	人材派遣アイ・ビー・エス 営業	1st／①クワッドステップス
4	クレープ店 店長	1st／①クワッドステップス
5	牛乳配達	1st／②ローリングヒル
6	梨農家	1st／①クワッドステップス
7	キャビンアテンダント	1st／②ローリングヒル
8	NTTドコモ	1st／③タイファイター
9	寿司店店長	1st／④フィッシュボーン
10	養鶏業	1st／④フィッシュボーン
11	都営バス運転手	1st／⑦そり立つ壁
12	外資系保険会社	1st／⑤ダブルペンダグラム
13	三郷市早稲田中学校1年生	1st／③タイファイター
14	歯科医師	1st／②ローリングヒル
15	ミニトマト農家	1st／⑤ダブルペンダグラム
16	看板業	1st／③タイファイター
17	和牛繁殖農家	1st／⑤ダブルペンダグラム
18	学校給食調理	1st／④フィッシュボーン
19	畳職人	1st／②ローリングヒル
20	ホテルニューオータニ 調理師	1st／①クワッドステップス
21	ドン・キホーテ 店長	1st／①クワッドステップス
22	沖縄県庁土木建築部	1st／②ローリングヒル
23	伊豆急行保線区	1st／④フィッシュボーン
24	かまぼこ職人	1st／⑤ダブルペンダグラム
25	家屋解体業	1st／④フィッシュボーン
26	三菱重工神戸造船所	1st／③タイファイター
27	旅行代理店	1st／④フィッシュボーン
28	長崎県漁業協同組合連合会	1st／②ローリングヒル
29	お酒配送	1st／①クワッドステップス
30	ホームセンター	1st／③タイファイター
31	山田軍団【黒虎】ゲームセンター従業員	1st／④フィッシュボーン
32	山田軍団【黒虎】海苔機械メンテナンス	1st／⑤ダブルペンダグラム
33	ミスターSASUKE	1st／③タイファイター
34	ゴールデンボンバー ギター	1st／①クワッドステップス
35	ジュニア	1st／①クワッドステップス
36	WORLD ORDER	1st／③タイファイター
37	鬼飾り職人	1st／④フィッシュボーン
38	多田神社神主	1st／③タイファイター
39	真言宗玉前寺僧侶	1st／①クワッドステップス
40	仏壇店	1st／⑦そり立つ壁
41	タレント	1st／①クワッドステップス
42	撃鉄 ボーカル	1st／⑦そり立つ壁
43	マッスルバー店員	1st／⑦そり立つ壁
44	プロレスラー	1st／⑧ターザンロープ
45	キタガワ電気 店長	2nd／⑦リバースコンベアー
46	グラビアタレント	1st／②ローリングヒル
47	グラビアアイドル	1st／①クワッドステップス
48	バニラビーンズ	1st／②ローリングヒル
49	獨協大学陸上部	1st／⑤ダブルペンダグラム
50	利根商業高校1年生	1st／②ローリングヒル
51	実業団柔道選手	1st／⑤ダブルペンダグラム
52	漁師「第37金比羅丸」	2nd／②サーモンラダー上り
53	折り箱職人	1st／⑤ダブルペンダグラム
54	ナン職人	1st／②ローリングヒル
55	道の駅まるたけ 三代目	1st／⑤ダブルペンダグラム
56	人力車俥夫	1st／⑦そり立つ壁
57	早稲田大学男子チアリーディング	1st／①クワッドステップス
58	RIZAP トレーナー	1st／⑦そり立つ壁
59	酪農家	1st／④フィッシュボーン
60	宮崎市南消防署消防士	1st／③タイファイター
61	高知警察署警察官	1st／④フィッシュボーン
62	海上自衛隊 教官	1st／③タイファイター
63	法面作業	1st／④フィッシュボーン
64	薬剤師	1st／④フィッシュボーン
65	志布志市役所水道事業課	1st／④フィッシュボーン
66	松田水道 経営	1st／④フィッシュボーン
67	エーザイMR	1st／②ローリングヒル
68	板橋大勝軒なりたや 店長	1st／④フィッシュボーン
69	元シルク・ドゥ・ソレイユ パフォーマー	1st／③タイファイター
70	ソサイチ日本代表	1st／⑦そり立つ壁
71	早稲田大学フェンシング部 主将	1st／②ローリングヒル
72	アウトリガーカヌークラブ コーチ	1st／②ローリングヒル
73	ALSOK新潟	1st／①クワッドステップス
74	岩国医療センター看護師	1st／③タイファイター
75	中央大学アメフト部	1st／②ローリングヒル
76	アート引越しセンター	1st／②ローリングヒル
77	雪印メグミルク海老名工場	2nd／③サーモンラダー下り
78	愛知県犬山市消防士	1st／⑦そり立つ壁
79	キリンビール	1st／④フィッシュボーン
80	ゴードー商事 営業	1st／①クワッドステップス
81	K-1 2階級世界王者	2nd／②サーモンラダー上り
82	ゴールデンボンバー ドラム	1st／⑨ランバージャッククライム
83	俳優	2nd／⑦リバースコンベアー
84	台湾代表	1st／④フィッシュボーン
85	サムライ・ロック・オーケストラ	2nd／②サーモンラダー上り
86	A.B.C-Z	2nd／②サーモンラダー上り
87	KONG EXPRESS 代表	1st／③タイファイター
88	配管工	1st／④フィッシュボーン
89	靴のハルタ 営業	1st／②ローリングヒル
90	加圧トレーニングジム 経営	2nd／③サーモンラダー下り
91	トレーニングジム 経営	1st／⑤ダブルペンダグラム
92	ビルメンテナンス業	1st／②ローリングヒル
93	厚木中学校 体育教師	1st／⑤ダブルペンダグラム
94	タヒチアンダンス講師	1st／②ローリングヒル
95	型枠大工	3rd／②フライングバー
96	ジムトレーナー	3rd／④ウルトラクレイジークリフハンガー
97	パルクール指導員	3rd／②フライングバー
98	トランポリンパフォーマー	3rd／②フライングバー
99	コンクリートミキサー車運転手	1st／⑤ダブルペンダグラム
100	IDEC ソフトウェアエンジニア	3rd／②フライングバー

第34回大会 SASUKE2017秋

DATA

放送：2017年10月8日（日）18:30〜21:48

STAGE	クリア	エリア
1st STAGE	24	①クワッドステップス ②ローリングヒル ③タイファイター ④フィッシュボーン ⑤ダブルペンダラム ⑥タックル ⑦そり立つ壁 ⑧ターザンロープ ⑨ランバージャッククライム
2nd STAGE	9	①リングスライダー ②サーモンラダー上り ③サーモンラダー下り ④スパイダーウォーク ⑤スパイダードロップ ⑥バックストリーム ⑦リバースコンベアー ⑧ウォールリフティング
3rd STAGE	0	①ドラムホッパー改 ②フライングバー ③サイドワインダー改 ④ウルトラクレイジークリフハンガー ⑤バーティカルリミット改 ⑥パイプスライダー

二度の完全制覇者である漆原裕治が引退をかけた1stステージを涙のクリア！さらにアメリカ最強のスタントウーマン、ジェシー・グラフは女性として初となる3rdステージ進出という偉業を成し遂げた。

	職業／肩書き	結果／リタイアエリア
1	CYBERJAPAN DANCERS	1st／②ローリングヒル
2	カミナリ	1st／③タイファイター
3	人材派遣アイ・ビー・エス 営業	1st／④フィッシュボーン
4	西宮市議会 議員	1st／⑤ダブルペンダラム
5	農家	1st／⑤ダブルペンダラム
6	プロレスラー	1st／②ローリングヒル
7	NTTドコモ	1st／⑨ランバージャッククライム
8	道の港まるたけ 三代目	1st／⑤ダブルペンダラム
9	鮨なんば 板前	1st／②ローリングヒル
10	美容師	1st／③タイファイター
11	ドワンゴ	1st／⑤ダブルペンダラム
12	台湾ラーメン「幸龍」店長	1st／③タイファイター
13	陸上自衛官	1st／⑤ダブルペンダラム
14	観光バス運転手	1st／④フィッシュボーン
15	裁判所事務官	1st／③タイファイター
16	大正製薬 営業	1st／④フィッシュボーン
17	Senoh 営業	1st／⑤ダブルペンダラム
18	人工芝メーカー 営業	1st／③タイファイター
19	三菱自動車 営業	1st／②ローリングヒル
20	ミズノ 営業	1st／④フィッシュボーン
21	焼肉SATOブリアン 店長	1st／④フィッシュボーン
22	「リアル脱出ゲーム」コンテンツディレクター	1st／②ローリングヒル
23	航空機製造会社	1st／⑨ランバージャッククライム
24	福島県浪江町派遣社員	1st／④フィッシュボーン
25	モデル	1st／④フィッシュボーン
26	旅行代理店 営業	1st／⑦そり立つ壁
27	巡視船あしたか 乗組員	1st／②ローリングヒル
28	キャビンアテンダント	1st／⑦そり立つ壁
29	漁師	1st／④フィッシュボーン
30	積水ハウス	1st／④フィッシュボーン
31	東洋大学アイススケート部員	1st／⑨ランバージャッククライム
32	慶應義塾大学軟式野球部員	1st／②ローリングヒル
33	陸上自衛官	1st／④フィッシュボーン
34	潜水士	2nd／②サーモンラダー上り
35	フィギュアスケートインストラクター	1st／③タイファイター
36	ファイヤーナイフダンサー	1st／⑤ダブルペンダラム
37	プールインストラクター	1st／②ローリングヒル
38	足場工事職人	2nd／⑥バックストリーム
39	アウトリガーカヌークラブ コーチ	1st／③タイファイター
40	居酒屋オーナー	2nd／②サーモンラダー上り
41	スラックライン プロライダー	1st／⑦そり立つ壁
42	撃鉄 ボーカル	1st／④フィッシュボーン
43	K-1スーパー・フェザー級世界王者	1st／②ローリングヒル
44	ジュニア	1st／④フィッシュボーン
45	キタガワ電気 店長	3rd／④ウルトラクレイジークリフハンガー
46	漁師「第37金比羅丸」	2nd／③サーモンラダー下り
47	山田軍団【黒虎】ゲームセンター従業員	2nd／⑧ウォールリフティング
48	山田軍団【黒虎】建築現場監督	1st／④フィッシュボーン
49	山田軍団【黒虎】海苔機械メンテナンス	3rd／③サイドワインダー改
50	中学2年生	1st／②ローリングヒル
51	グラビアアイドル	1st／①クワッドステップス
52	バニラビーンズ	1st／③タイファイター
53	利根商業高校2年生	1st／②ローリングヒル
54	獨協大学陸上部	1st／⑧ターザンロープ
55	トランポランド 店長	1st／⑤ダブルペンダラム
56	山形県庁 職員	1st／④フィッシュボーン
57	WORLD ORDER	1st／⑦そり立つ壁
58	俳優	1st／⑨ランバージャッククライム
59	アクションパフォーマー	1st／①クワッドステップス
60	RIZAP トレーナー	1st／②ローリングヒル
61	スタントマン	1st／⑦そり立つ壁
62	消防士	1st／⑤ダブルペンダラム
63	東京トヨペット サービスエンジニア	1st／③タイファイター
64	パーソナルトレーナー	1st／⑦そり立つ壁
65	僧侶	1st／②ローリングヒル
66	アクション塾コーチ	1st／①クワッドステップス
67	木瀬中学校 体育教師	1st／③タイファイター
68	松田水道 経営	1st／④フィッシュボーン
69	体操コーチ	1st／⑦そり立つ壁
70	Dr.ストレッチ トレーナー	1st／④フィッシュボーン
71	歯科医師	1st／④フィッシュボーン
72	遺品整理士	1st／④フィッシュボーン
73	海上自衛官	1st／③タイファイター
74	栄光ゼミナール 講師	2nd／⑦リバースコンベアー
75	『Ninja Warrior UK』代表	1st／④フィッシュボーン
76	プロボクサー	1st／②ローリングヒル
77	GOLD'S GYM トレーナー	1st／②ローリングヒル
78	志布志市役所 職員	1st／⑦そり立つ壁
79	花園大学男子新体操部 コーチ	1st／④フィッシュボーン
80	雪印メグミルク海老名工場	2nd／③サーモンラダー下り
81	K-1 史上初2階級制覇チャンピオン	2nd／⑥バックストリーム
82	レーシングドライバー	1st／④フィッシュボーン
83	KONG EXPRESS 代表	2nd／⑦リバースコンベアー
84	厚木中学校 体育教師	3rd／③サイドワインダー改
85	プロサーファー	1st／③タイファイター
86	ソサイチ日本代表	2nd／②サーモンラダー上り
87	スタントウーマン	3rd／④ウルトラクレイジークリフハンガー
88	A.B.C-Z	2nd／③サーモンラダー下り
89	ゴールデンボンバー ドラム	2nd／⑦リバースコンベアー
90	俳優	1st／①クワッドステップス
91	加圧トレーニングジム 経営	2nd／③サーモンラダー下り
92	トレーニングジム 経営	1st／⑤ダブルペンダラム
93	タヒチアンダンス講師	3rd／④ウルトラクレイジークリフハンガー
94	配管工	1st／⑤ダブルペンダラム
95	トランポリンパフォーマー	2nd／④スパイダーウォーク
96	パルクール指導員	3rd／④ウルトラクレイジークリフハンガー
97	ジムトレーナー	3rd／④ウルトラクレイジークリフハンガー
98	コンクリートミキサー車 運転手	3rd／④ウルトラクレイジークリフハンガー
99	靴のハルタ 営業	2nd／⑧ウォールリフティング
100	IDEC ソフトウェアエンジニア	3rd／⑤バーティカルリミット改

第35回大会 SASUKE2018春

放送：2018年3月26日（月）19:00～22:54

DATA

STAGE	クリア	エリア
1st STAGE	クリア 8	①クワッドステップス ②ローリングヒル ③タイファイター ④フィッシュボーン ⑤ドラゴングライダー ⑥タックル ⑦そり立つ壁
2nd STAGE	クリア 5	①リングスライダー ②サーモンラダー上り ③サーモンラダー下り ④スパイダーウォーク ⑤スパイダードロップ ⑥バックストリーム ⑦リバースコンベアー ⑧ウォールリフティング
3rd STAGE	クリア 1	①フライングバー ②サイドワインダー改 ③プラネットブリッジ ④ウルトラクレイジークリフハンガー ⑤バーティカルリミット改 ⑥パイプスライダー
FINAL STAGE	完全制覇 0	①スパイダークライム（8m）②サーモンラダー（7m）③綱登り（10m）

現在も1stステージを司っている難関エリア・ドラゴングライダーが1stステージ衝撃のデビュー！ 数多くの挑戦者を奈落の底に突き落とす。そんなドラゴングライダーを人類初めて攻略したのは日置将士だった。

	職業／肩書き	結果／リタイアエリア
1	サッカー元日本代表	1st／②ローリングヒル
2	お笑い芸人	1st／①クワッドステップス
3	人材派遣アイ・ビー・エス 営業	1st／①クワッドステップス
4	プロレスラー	1st／②ローリングヒル
5	プロサーファー 東京オリンピック代表候補	1st／④フィッシュボーン
6	マグロ解体職人	1st／②ローリングヒル
7	カラオケ店 アルバイトチーフ	1st／⑤ドラゴングライダー
8	筋肉食堂 店員	1st／②ローリングヒル
9	不二家 ケーキ製造	1st／①クワッドステップス
10	日比谷花壇 経理	1st／④フィッシュボーン
11	元なでしこジャパン	1st／③タイファイター
12	東京大学理科Ｉ類1年生	1st／④フィッシュボーン
13	久光製薬 医薬品研究職	1st／⑤ドラゴングライダー
14	国土交通省 航空管制官	1st／④フィッシュボーン
15	ピップ スリムウォーク担当	1st／②ローリングヒル
16	CBCアナウンサー『ゴゴスマ』MC	1st／③タイファイター
17	お笑い芸人	1st／⑤ドラゴングライダー
18	ものまね芸人	1st／②ローリングヒル
19	屋内スカイダイビングインストラクター	1st／④フィッシュボーン
20	タレント	1st／②ローリングヒル
21	お笑い芸人	1st／②ローリングヒル
22	フラッグパフォーマー	1st／④フィッシュボーン
23	フレスコボーラー	1st／①クワッドステップス
24	僧侶	1st／④フィッシュボーン
25	新日本プロレス	1st／④フィッシュボーン
26	新日本プロレス	1st／②ローリングヒル
27	ALSOK	1st／⑤ドラゴングライダー
28	セコム	1st／③タイファイター
29	サッポロビール 営業担当	1st／⑤ドラゴングライダー
30	コンサルタント	1st／②ローリングヒル
31	ゴールデンボンバー ギター	1st／⑤ドラゴングライダー
32	松田水道 経営	1st／⑤ドラゴングライダー
33	農家	1st／⑤ドラゴングライダー
34	日野自動車	1st／②ローリングヒル
35	大和ハウス工業	1st／②ローリングヒル
36	総合格闘家	1st／②ローリングヒル
37	バンダイライフ事業部 副部長	1st／②ローリングヒル
38	味の素 営業	1st／③タイファイター
39	元祖サスケ先生	1st／③タイファイター
40	名古屋税関 麻薬犬ハンドラー	1st／⑤ドラゴングライダー
41	ジュニア	1st／⑤ドラゴングライダー
42	消防士	1st／③タイファイター
43	プラスチック成形機械オペレーター	1st／⑤ドラゴングライダー
44	川崎市立南河原小学校 2年担任	1st／①クワッドステップス
45	銀行員	1st／⑤ドラゴングライダー
46	塩釜佐浦町郵便局 局長	1st／②ローリングヒル
47	JA全農ちば	1st／②ローリングヒル
48	愛知県警察 交番	1st／⑤ドラゴングライダー
49	『週刊プレイボーイ』編集部	1st／②ローリングヒル
50	RIZAP トレーナー	1st／⑤ドラゴングライダー
51	CYBERJAPAN DANCERS	1st／②ローリングヒル
52	大工	1st／②ローリングヒル
53	ジブラルタ生命 保険外交員	1st／③タイファイター
54	岡山県立瀬戸高校3年生	1st／②ローリングヒル
55	富山県射水市消防本部	1st／③タイファイター
56	瓦葺き職人	1st／⑤ドラゴングライダー
57	学校給食調理師	1st／⑤ドラゴングライダー
58	道の港まるたけ 三代目	1st／④フィッシュボーン
59	昭和製薬 製造部	1st／④フィッシュボーン
60	キタガワ電気 店長	3rd／③プラネットブリッジ
61	山田軍団【黒虎】ゲームセンター従業員	1st／②ローリングヒル
62	山田軍団【黒虎】海苔機械メンテナンス	1st／⑤ドラゴングライダー
63	漁師「第37金比羅丸」	1st／⑤ドラゴングライダー
64	共立歯科センター 歯科医師	1st／②ローリングヒル
65	Dr.ストレッチ トレーナー	1st／③タイファイター
66	ポールダンサー	1st／②ローリングヒル
67	カーデザイナー	1st／⑤ドラゴングライダー
68	山形県庁 職員	1st／⑤ドラゴングライダー
69	水泳教室コーチ	1st／⑤ドラゴングライダー
70	木こり	1st／②ローリングヒル
71	俳優	1st／⑦そり立つ壁
72	ビルメンテナンス	1st／⑤ドラゴングライダー
73	配管工	1st／⑦そり立つ壁
74	トレーニングジム 経営	1st／④フィッシュボーン
75	元アメリカ独立リーグ野球選手	1st／⑤ドラゴングライダー
76	陸上自衛隊	1st／②ローリングヒル
77	アメリカ海軍パイロット	1st／③タイファイター
78	航空自衛隊	1st／④フィッシュボーン
79	京都大学 事務職員	1st／⑤ドラゴングライダー
80	早稲田大学ハンドボール部	1st／③タイファイター
81	棒高跳び 五輪・世界陸上代表	1st／⑤ドラゴングライダー
82	アメフト	1st／③タイファイター
83	アルペンスキー元日本代表	1st／③タイファイター
84	WBO世界フライ級王者	1st／④フィッシュボーン
85	トライアスロン北京五輪日本代表	1st／③タイファイター
86	A.B.C-Z	1st／③タイファイター
87	潜水士	1st／②ローリングヒル
88	足場工事職人	1st／⑤ドラゴングライダー
89	栄光ゼミナール 講師	2nd／⑤スパイダードロップ
90	K-1 WORLD 3階級王者	1st／④フィッシュボーン
91	加圧トレーニングジム 経営	1st／⑤ドラゴングライダー
92	トランポリンパフォーマー	2nd／⑤スパイダードロップ
93	運送業	1st／⑤ドラゴングライダー
94	厚木中学校 体育教師	1st／④フィッシュボーン
95	靴のハルタ 営業	1st／⑦そり立つ壁
96	ゴールデンボンバー ドラム	2nd／⑧ウォールリフティング
97	パルクール指導員	3rd／④ウルトラクレイジークリフハンガー
98	ジムトレーナー	3rd／⑤バーティカルリミット改
99	クライミングシューズメーカー取締役	3rd／⑤バーティカルリミット改
100	IDEC ソフトウェアエンジニア	FINAL／③綱登り（10m）

第36回大会 SASUKE2018大晦日

DATA

放送：2018年12月31日（月）18:00〜23:55

STAGE	クリア	エリア
1st STAGE	クリア 15	①クワッドステップス ②ローリングヒル ③ウイングスライダー ④フィッシュボーン ⑤ドラゴングライダー ⑥タックル ⑦そり立つ壁
2nd STAGE	クリア 10	①リングスライダー ②サーモンラダー上り ③サーモンラダー下り ④スパイダーウォーク ⑤スパイダードロップ ⑥バックストリーム ⑦リバースコンベアー ⑧ウォールリフティング
3rd STAGE	クリア 1	①フライングバー ②サイドワインダー ③プラネットブリッジ ④ウルトラクレイジークリフハンガー ⑤バーティカルリミット改 ⑥パイプスライダー
FINAL STAGE	完全制覇 0	①スパイダークライム（8m）②サーモンラダー（7m）③綱登り（10m）

2018年の大晦日、横浜の赤レンガ倉庫で行われた史上初のFINAL生中継。森本裕介、二度目の完全制覇に向けて声援が飛ぶが――。さらに樽美酒研二は涙の3rdステージ進出。「やりゃあできる！ 頑張ろう！」の名言を生んだ。

	職業／肩書き	結果／リタイアエリア
1	フラッグパフォーマー	1st／②ローリングヒル
2	相撲中学生	1st／③ウイングスライダー
3	ウエイトリフティング元日本代表	1st／②ローリングヒル
4	川崎市立南河原小学校 3年担任	1st／⑦そり立つ壁
5	花屋	1st／②ローリングヒル
6	LINE営業担当	1st／②ローリングヒル
7	郵便局主任	1st／②ローリングヒル
8	バス運転士	1st／④フィッシュボーン
9	花火職人	1st／②ローリングヒル
10	漁師	1st／⑤ドラゴングライダー
11	大道芸パフォーマー	1st／③ウイングスライダー
12	ゴーゴーダンサー	1st／②ローリングヒル
13	サウナ支配人	1st／③ウイングスライダー
14	菓子製造業大福職人	1st／③ウイングスライダー
15	化粧品研究員	1st／③ウイングスライダー
16	プロサーファー	1st／③ウイングスライダー
17	京大SASUKEサークル	1st／②ローリングヒル
18	道の港まるたけ 三代目	1st／④フィッシュボーン
19	酪農家	1st／⑤ドラゴングライダー
20	専業農家	1st／③ウイングスライダー
21	スラックライン	1st／⑤ドラゴングライダー
22	保健体育教師	1st／②ローリングヒル
23	ボートレーサー	1st／⑤ドラゴングライダー
24	醤油屋	1st／④フィッシュボーン
25	ニトリ	1st／⑤ドラゴングライダー
26	プロテニスプレーヤー	1st／②ローリングヒル
27	RIZAP 創業メンバー	1st／⑤ドラゴングライダー
28	競歩高校生	1st／③ウイングスライダー
29	タクシー運転手	1st／①クワッドステップス
30	警察官	1st／②ローリングヒル
31	ビーチバレー選手	1st／②ローリングヒル
32	味の素 営業	1st／③ウイングスライダー
33	国際弁護士	1st／⑤ドラゴングライダー
34	引っ越し屋	1st／③ウイングスライダー
35	歯科医院院長	1st／③ウイングスライダー
36	元AKB48	1st／②ローリングヒル
37	歯科技工士	1st／①クワッドステップス
38	ゴルフインストラクター	1st／②ローリングヒル
39	小学校教頭	1st／④フィッシュボーン
40	マグロ解体職人	1st／③ウイングスライダー
41	ものまねタレント	1st／②ローリングヒル
42	『週刊プレイボーイ』編集部	1st／③ウイングスライダー
43	バンダイSASUKE部 部長	1st／②ローリングヒル
44	少年院法務教官	1st／④フィッシュボーン
45	海士	1st／⑤ドラゴングライダー
46	カミナリ	1st／④フィッシュボーン
47	『魔法少女サイト』漫画家	1st／③ウイングスライダー
48	陸上自衛隊官	1st／④フィッシュボーン
49	海上保安官	1st／②ローリングヒル
50	航空自衛官	1st／②ローリングヒル
51	CYBERJAPAN DANCERS	1st／③ウイングスライダー
52	Snow Man	1st／⑦そり立つ壁
53	『東大生』メンバー	1st／③ウイングスライダー
54	プロSHOWROOMER	1st／②ローリングヒル
55	津田塾大学 学部長	1st／②ローリングヒル
56	山田軍団【黒虎】特別支援学級職員	1st／⑤ドラゴングライダー
57	山田軍団【黒虎】十種競技選手	1st／②ローリングヒル
58	陸上・元韓国代表	1st／⑤ドラゴングライダー
59	男子チアリーディング	1st／②ローリングヒル
60	松田水道 経営	1st／⑤ドラゴングライダー
61	モデル	1st／⑤ドラゴングライダー
62	おねえタレント	1st／②ローリングヒル
63	カーデザイナー	3rd／④ウルトラクレイジークリフハンガー
64	プロダブルダッチプレイヤー	1st／③ウイングスライダー
65	元プロバスケットボール選手	1st／⑤ドラゴングライダー
66	ゴールデンボンバー ギター	1st／⑤ドラゴングライダー
67	プロ総合格闘技	1st／③ウイングスライダー
68	俳優	1st／⑤ドラゴングライダー
69	体操元日本代表	1st／⑤ドラゴングライダー
70	陸上十種競技	1st／⑤ドラゴングライダー
71	キタガワ電気 店長	3rd／④ウルトラクレイジークリフハンガー
72	消防本部 特別救助隊	1st／③ウイングスライダー
73	山形県庁 職員	3rd／⑤バーティカルリミット改
74	人力車車夫	1st／⑤ドラゴングライダー
75	足場工事職人	2nd／⑦リバースコンベアー
76	アスリート俳優	2nd／⑦リバースコンベアー（失格）
77	『KUNOICHI』代表	1st／⑦そり立つ壁
78	『NINJA WARRIOR』オーストリア代表	1st／③ウイングスライダー
79	双子YouTubeクリエイター	1st／⑤ドラゴングライダー
80	A.B.C-Z	1st／⑤ドラゴングライダー
81	SASUKE唯一の皆勤賞	1st／③ウイングスライダー
82	厚木中学校 体育教師	1st／⑦そり立つ壁
83	ソサイチ日本代表	2nd／④スパイダーウォーク
84	MotoGPプロライダー	1st／④フィッシュボーン
85	SASUKEオールスターズ	1st／⑤ドラゴングライダー
86	K-1スーパーフェザー級 元世界王者	1st／③ウイングスライダー
87	フィンスイミング世界2位	1st／④フィッシュボーン
88	新日本プロレス	1st／④フィッシュボーン
89	『NINJA WARRIOR』オーストラリア代表	3rd／①フライングバー
90	『SASUKE』ベトナム代表	1st／⑦そり立つ壁
91	棒高跳日本代表	1st／⑤ドラゴングライダー
92	配管工	3rd／⑤バーティカルリミット改
93	栄光ゼミナール 講師	2nd／⑧ウォールリフティング
94	トランポリンパフォーマー	1st／⑤ドラゴングライダー
95	靴のハルタ 営業	3rd／⑤バーティカルリミット改
96	パルクール指導員	3rd／④ウルトラクレイジークリフハンガー
97	『NINJA WARRIOR』アメリカ代表	2nd／⑦リバースコンベアー（失格）
98	ゴールデンボンバー ドラム	3rd／②サイドワインダー改
99	クライミングシューズメーカー 取締役	3rd／④ウルトラクレイジークリフハンガー
100	完全制覇のサスケくん	FINAL／③綱登り（10m）

第37回大会 SASUKE2019

放送：2019年12月31日（火）19:00～23:55

DATA

STAGE	クリア	エリア
1st STAGE	10	①クワッドステップス ②ローリングヒル ③ウイングスライダー ④フィッシュボーン ⑤ドラゴングライダー ⑥タックル ⑦そり立つ壁
2nd STAGE	8	①サーモンラダー上り ②サーモンラダー下り ③スパイダーウォーク ④スパイダードロップ ⑤バックストリーム ⑥リバースコンベアー ⑦ウォールリフティング
3rd STAGE	2	①フライングバー ②サイドワインダー ③プラネットブリッジ ④クリフハンガーディメンション ⑤バーティカルリミット ⑥パイプスライダー
FINAL STAGE	完全制覇 0	①スパイダークライム（8m） ②サーモンラダー（7m） ③綱登り（10m）

前年に続き、大晦日のFINALが横浜赤レンガ倉庫からの生中継となった第37回大会。山形県庁職員である多田竜也とドイツ代表の象つかい、レネ・キャスリーが大観衆からの声援を受けてFINALクリアに挑む！

	職業／肩書き	結果／リタイアエリア
1	ファイヤーダンサー	1st／④フィッシュボーン
2	元AKB48	1st／②ローリングヒル
3	ウエイトリフティング元日本代表	1st／③ウイングスライダー
4	書道家芸人	1st／③ウイングスライダー
5	蓮田市立黒浜中学校1年生	1st／②ローリングヒル
6	漁師	1st／④フィッシュボーン
7	筋肉タレント	1st／②ローリングヒル
9	プロテニスプレイヤー	1st／③ウイングスライダー
10	アスリート俳優	1st／⑦そり立つ壁
11	外資系コンサルティング会社	1st／③ウイングスライダー
12	モデル	1st／②ローリングヒル
13	ボーカリスト	1st／③ウイングスライダー
14	航空救難団	1st／②ローリングヒル
15	ビル清掃業	1st／②ローリングヒル
16	東京都議会議員	1st／②ローリングヒル
17	バンダイSASUKE部 部長	1st／③ウイングスライダー
18	バンダイSASUKE部	1st／④フィッシュボーン
19	バレエダンサー	1st／②ローリングヒル
20	ラーメン屋「来来亭」副店長	1st／③ウイングスライダー
21	川崎市立南河原小学校 3年2組担任	1st／⑦そり立つ壁
22	モーグルスキー	1st／③ウイングスライダー
23	ボディビルダー兼ホステス	1st／⑤ドラゴングライダー
24	鉄棒おじさん	1st／②ローリングヒル
25	キックボクシングトレーナー	1st／④フィッシュボーン
26	元体操選手	1st／⑤ドラゴングライダー
27	熊野神社 神主	1st／①クワッドステップス
28	高校教師	1st／⑤ドラゴングライダー
29	味噌会社	1st／②ローリングヒル
30	化学者	1st／②ローリングヒル
31	『週刊プレイボーイ』編集部	1st／②ローリングヒル
32	自宅にSASUKE20エリア	1st／③ウイングスライダー
33	CYBERJAPAN DANCERS	1st／②ローリングヒル
35	俳優	1st／⑤ドラゴングライダー
36	航空機組み立て	1st／②ローリングヒル
37	天童市役所	1st／①クワッドステップス
38	体育の先生	1st／④フィッシュボーン
39	ゲーマー	1st／②ローリングヒル
40	京都大学大学院	1st／⑤ドラゴングライダー
41	ペットショップ店員	1st／③ウイングスライダー
42	モンゴル代表	1st／④フィッシュボーン
43	オーストラリア代表	1st／⑦そり立つ壁
44	香港代表	1st／④フィッシュボーン
45	モノマネ芸人	1st／②ローリングヒル
47	山田軍団【黒虎】	3rd／④クリフハンガーディメンション
48	山田軍団【黒虎】十種競技選手	3rd／④クリフハンガーディメンション
49	山形県庁 職員	FINAL／②サーモンラダー
50	『東大生』メンバー	1st／⑤ドラゴングライダー
51	元NHKアナウンサー	1st／①クワッドステップス
52	タレント	1st／①クワッドステップス
53	俳優	1st／③ウイングスライダー
54	マッチョ29	1st／②ローリングヒル
55	アクション俳優	2nd／②サーモンラダー下り
56	競泳北京五輪銅メダル	1st／③ウイングスライダー
57	カーデザイナー	1st／④フィッシュボーン
58	ジュノンボーイファイナリスト	1st／⑤ドラゴングライダー
59	元プロ野球選手	1st／②ローリングヒル
60	キタガワ電気 店長	3rd／④クリフハンガーディメンション
61	元体操選手	1st／③ウイングスライダー
62	マグロ解体職人	1st／②ローリングヒル
63	パントマイムアーティスト	1st／②ローリングヒル
64	航空自衛官パイロット	1st／④フィッシュボーン
65	消防士	1st／②ローリングヒル
66	味の素 営業	1st／③ウイングスライダー
67	国際派俳優	1st／⑤ドラゴングライダー
68	学校給食調理師	1st／③ウイングスライダー
69	漁師	1st／⑦そり立つ壁
70	だんじり男	1st／②ローリングヒル
71	ペナルティ	1st／②ローリングヒル
72	獣医師	1st／②ローリングヒル
73	会社員	1st／③ウイングスライダー
74	スカイマーク 客室乗務員	1st／④フィッシュボーン
75	厚木市立藤塚中学 体育教師	2nd／③スパイダーウォーク
76	イギリス代表	1st／⑦そり立つ壁
77	信用金庫職員	1st／④フィッシュボーン
78	YouTubeクリエイター「TWINS」	1st／⑤ドラゴングライダー
79	イスラエル代表	1st／④フィッシュボーン
80	トランポリンパフォーマー	1st／④フィッシュボーン
81	THE RAMPAGE from EXILE TRIBE	1st／②ローリングヒル
82	THE RAMPAGE from EXILE TRIBE	1st／⑤ドラゴングライダー
83	THE RAMPAGE from EXILE TRIBE	1st／⑤ドラゴングライダー
84	SASUKE唯一の皆勤賞	1st／⑤ドラゴングライダー
85	ビルメンテナンス	1st／⑤ドラゴングライダー
86	Snow Man	1st／⑤ドラゴングライダー
87	A.B.C-Z	1st／⑦そり立つ壁
88	ドイツ代表	FINAL／②サーモンラダー
89	ボクシング世界チャンピオン	1st／①クワッドステップス
90	栄光ゼミナール 講師	1st／⑦そり立つ壁
91	配管工	1st／④フィッシュボーン
92	アメリカ男子代表	1st／②ローリングヒル
93	陸上北京五輪銀メダル	1st／④フィッシュボーン
94	パルクール指導員	3rd／④クリフハンガーディメンション
95	棒高跳世界陸上2連覇	1st／⑤ドラゴングライダー
96	靴のハルタ 営業	3rd／⑥パイプスライダー
97	ゴールデンボンバー ドラム	1st／⑤ドラゴングライダー
98	アメリカ女子代表	3rd／④クリフハンガーディメンション
99	クライミングシューズメーカー取締役	1st／⑦そり立つ壁
100	完全制覇のサスケくん	1st／⑦そり立つ壁

第38回大会 SASUKE2020

DATA

放送：2020年12月29日（火）19:00〜22:56

STAGE	クリア	エリア
1st STAGE	クリア 14	①クワッドステップス ②ローリングヒル ③シルクスライダー ④フィッシュボーン ⑤ドラゴングライダー ⑥タックル ⑦そり立つ壁
2nd STAGE	クリア 5	①ローリングログ ②サーモンラダー上り ③サーモンラダー下り ④スパイダーウォーク ⑤スパイダードロップ ⑥バックストリーム ⑦リバースコンベアー ⑧ウォールリフティング
3rd STAGE	クリア 1	①フライングバー ②サイドワインダー ③プラネットブリッジ ④クリフハンガーディメンション ⑤バーティカルリミット ⑥パイプスライダー
FINAL STAGE	完全制覇 1	①スパイダークライム（8m） ②サーモンラダー（7m） ③綱登り（10m）

緑山に降りしきる雨の中、「完全制覇のサスケくん」こと森本裕介が史上２人目となる２度目の完全制覇を達成！ 鋼鉄の魔城を制圧した。『SASUKE』を目指すきっかけとなった長野誠の前で達成した偉業だった。

	職業／肩書き	結果／リタイアエリア
1	中国武術世界大会1位	1st／②ローリングヒル
2	ウエイトリフティング元日本代表	1st／②ローリングヒル
3	マスターズ跳躍五種 日本記録保持者	1st／⑤ドラゴングライダー
4	大物タレントとアイドルの息子	1st／②ローリングヒル
5	プロボディビルダー	1st／②ローリングヒル
6	人力車夫	1st／④フィッシュボーン
7	パナソニックラグビー部	1st／⑤ドラゴングライダー
8	医者	1st／②ローリングヒル
9	サーファー	1st／④フィッシュボーン
10	アテネ五輪サッカー日本代表	1st／⑤ドラゴングライダー
11	CYBERJAPAN DANCERS	1st／②ローリングヒル
12	ティモンディ	1st／⑤ドラゴングライダー
13	ティモンディ	1st／⑤ドラゴングライダー
14	アクション俳優	2nd／⑤スパイダードロップ
15	電撃ネットワーク	1st／②ローリングヒル
16	バンダイSASUKE部	1st／⑤ドラゴングライダー
17	書道家芸人 元ファイナリスト	1st／②ローリングヒル
18	7人制ラグビー元日本代表	1st／②ローリングヒル
19	川崎市立南河原小学校 1年3組担任	1st／⑦そり立つ壁
20	=LOVE	1st／②ローリングヒル
21	ミス・スプラナショナル日本代表	1st／①クワッドステップス
22	再生医療関係会社 社長	1st／②ローリングヒル
23	2.5次元舞台俳優	1st／⑤ドラゴングライダー
24	俳優	1st／③シルクスライダー
25	元中京大学陸上部	1st／②ローリングヒル
26	学校給食調理師	1st／⑤ドラゴングライダー
27	プロフィギュアスケーター	1st／②ローリングヒル
28	ふわっちライバー（元プロ野球選手）	1st／④フィッシュボーン
29	ふわっちライバー（元K-1選手）	1st／③シルクスライダー
30	林野庁職員	1st／⑤ドラゴングライダー
31	イチローのものまね	1st／③シルクスライダー
32	テコンドー全国優勝	1st／②ローリングヒル
33	元国見高校サッカー部 キャプテン	1st／⑤ドラゴングライダー
34	Mr.JAPAN	1st／②ローリングヒル
35	『東大王』メンバー	1st／④フィッシュボーン
36	松田水道 経営	1st／⑦そり立つ壁
37	厚木市立藤塚中学校 体育教師	1st／⑦そり立つ壁
38	『週刊プレイボーイ』編集部	1st／⑤ドラゴングライダー
39	モデル	1st／②ローリングヒル
40	吉本坂46	2nd／⑧ウォールリフティング
41	SUPER FANTASY メインボーカル	1st／⑤ドラゴングライダー
42	トランポリン インカレ優勝	1st／⑤ドラゴングライダー
43	催眠術師	1st／②ローリングヒル
44	YouTubeクリエイター「TWINS」	1st／⑤ドラゴングライダー
45	テレビユー福島アナウンサー	1st／④フィッシュボーン
46	八村塁のものまね	1st／②ローリングヒル
47	ジャッキー・チェンのものまね	1st／④フィッシュボーン
48	ものまね芸人	1st／④フィッシュボーン
49	山田軍団【黒虎】	3rd／④クリフハンガーディメンション
50	山田軍団【黒虎】	3rd／①フライングバー
51	アッコ軍団 元なでしこジャパン	1st／②ローリングヒル
52	アッコ軍団 サッカー元日本代表	1st／②ローリングヒル
53	アッコ軍団 俳優	1st／③シルクスライダー
54	アッコ軍団 ラグビー元日本代表	1st／④フィッシュボーン
55	アッコ軍団 元プロ野球選手	1st／②ローリングヒル
56	国際派俳優	1st／④フィッシュボーン
57	キタガワ電気 店長	2nd／⑧ウォールリフティング
58	霜降り明星	1st／⑤ドラゴングライダー
59	霜降り明星	1st／②ローリングヒル
60	体操のお兄さん	1st／①クワッドステップス
61	カミナリ	1st／⑤ドラゴングライダー
62	フィットネスグラビアタレント	1st／②ローリングヒル
63	北海道放送女子アナウンサー	1st／②ローリングヒル
64	世界体操祭出場	1st／⑤ドラゴングライダー
65	ベストアクション女優賞受賞	1st／④フィッシュボーン
66	競輪選手	1st／⑤ドラゴングライダー
67	和楽器バンド	1st／⑤ドラゴングライダー
68	茨城県営業戦略部観光物産課	1st／④フィッシュボーン
69	タクシードライバー	1st／③シルクスライダー
70	トランポリンパフォーマー	1st／⑤ドラゴングライダー
71	配管工	2nd／②サーモンラダー上り
72	ビルメンテナンス業	1st／⑤ドラゴングライダー
73	炎の体育会TV軍 ジュニア	1st／④フィッシュボーン
74	炎の体育会TV軍 ジュニア	2nd／②サーモンラダー上り
75	炎の体育会TV軍 オードリー	1st／①クワッドステップス
76	エアリアルパフォーマー	1st／④フィッシュボーン
77	総合格闘家	1st／②ローリングヒル
78	『KUNOICHI』信用金庫職員	1st／⑤ドラゴングライダー
79	体操元日本代表	1st／⑤ドラゴングライダー
80	サッカーW杯元日本代表	1st／⑤ドラゴングライダー
81	体操元日本代表	1st／②ローリングヒル
82	カーデザイナー	2nd／⑦リバースコンベアー
83	THE RAMPAGE from EXILE TRIBE	1st／⑤ドラゴングライダー
84	THE RAMPAGE from EXILE TRIBE	1st／④フィッシュボーン
85	THE RAMPAGE from EXILE TRIBE	1st／⑤ドラゴングライダー
86	SASUKE唯一の皆勤賞	1st／⑤ドラゴングライダー
87	SASUKEオールスターズ	1st／④フィッシュボーン
88	Snow Man	2nd／③サーモンラダー下り
89	A.B.C-Z	1st／⑤ドラゴングライダー
90	栄光ゼミナール 講師	2nd／①ローリングログ
91	RISEライト級王者	1st／④フィッシュボーン
92	7人制ラグビー日本代表	1st／⑦そり立つ壁
93	ゴールデンボンバー ドラム	1st／⑤ドラゴングライダー
94	パルクール指導員	3rd／④クリフハンガーディメンション
95	山形県庁 職員	3rd／④クリフハンガーディメンション
96	クライミングシューズメーカー 取締役	1st／⑦そり立つ壁
97	ミスターSASUKE	1st／⑤ドラゴングライダー
98	史上最強の漁師	1st／⑤ドラゴングライダー
99	靴のハルタ 営業	2nd／⑧ウォールリフティング
100	完全制覇のサスケくん	完全制覇

第39回大会 SASUKE2021

放送：2021年12月28日（火）18:00～22:57

DATA

STAGE	クリア	エリア
1st STAGE	14	①クワッドステップス ②ローリングヒル ③シルクスライダー ④フィッシュボーン ⑤ドラゴングライダー ⑥タックル ⑦2連そり立つ壁
2nd STAGE	9	①ローリングログ ②サーモンラダー上り ③サーモンラダー下り ④スパイダーウォーク ⑤スパイダードロップ ⑥バックストリーム ⑦リバースコンベアー ⑧ウォールリフティング
3rd STAGE	0	①フライングバー ②サイドワインダー ③スイングエッジ ④クリフハンガーディメンション ⑤バーティカルリミット ⑥パイプスライダー

途中から雨が降り出した1stステージでは大波乱が発生、ゼッケン92番以降の選手が全滅するという異常事態となる。そんな中Snow Manの岩本照が2大会連続となる1stステージクリア。喜びの叫びが緑山に響いた。

	職業／肩書き	結果／リタイアエリア
1	ウエイトリフティング元日本代表	1st／②ローリングヒル
2	新体操界のレジェンド	1st／⑤ドラゴングライダー
3	東京ホテイソン	1st／③シルクスライダー
4	東京ホテイソン	1st／④フィッシュボーン
5	体操のお兄さん	1st／②ローリングヒル
6	全日本プロレスのエース	1st／②ローリングヒル
7	壁の妖精	1st／④フィッシュボーン
8	学習塾講師	1st／②ローリングヒル
9	アクション俳優	2nd／⑧ウォールリフティング
10	CYBERJAPAN DANCERS	1st／②ローリングヒル
11	格闘家	1st／②ローリングヒル
12	海上保安庁 潜水士	1st／⑤ドラゴングライダー
13	BANDAIサスケ部 部長	1st／②ローリングヒル
14	林野庁 職員	2nd／②サーモンラダー上り
15	元フジテレビアナウンサー	1st／②ローリングヒル
16	マラソンランナー	1st／④フィッシュボーン
17	AKB48	1st／④フィッシュボーン
18	=LOVE	1st／④フィッシュボーン
19	『炎の体育会TV』	1st／②ローリングヒル
20	『炎の体育会TV』7 MEN 侍	2nd／⑧ウォールリフティング
21	YouTuber/マナル隊	1st／⑤ドラゴングライダー
22	YouTuber/桜雲AUN	1st／④フィッシュボーン
23	佐藤三兄弟	1st／②ローリングヒル
24	ぺこぱ	1st／②ローリングヒル
25	トム・ブラウン	1st／②ローリングヒル
26	プロフィギュアスケーター	1st／⑤ドラゴングライダー
27	グラビアアイドル	1st／②ローリングヒル
28	日向坂46	1st／③シルクスライダー
29	乃木坂46	1st／④フィッシュボーン
30	YouTuber	1st／③シルクスライダー
31	少年忍者	2nd／①ローリングログ
32	舞台『ハリー・ポッターと呪いの子』プロデューサー	1st／②ローリングヒル
33	2.5次元俳優	1st／②ローリングヒル
34	『THE鬼タイジ』出演	1st／③シルクスライダー
35	吉本坂46	3rd／④クリフハンガーディメンション
36	松田水道 経営	1st／⑤ドラゴングライダー
37	『東大王』メンバー	1st／⑤ドラゴングライダー
38	lol - エルオーエル -	1st／②ローリングヒル
39	連続バク転日本一	1st／⑤ドラゴングライダー
40	俳優・スタイリスト	1st／⑤ドラゴングライダー
41	ジャッキー・チェンのものまね	1st／④フィッシュボーン
42	『バチェラー・ジャパン』(3代目バチェラー)	1st／④フィッシュボーン
43	庭師	1st／②ローリングヒル
44	落語家	1st／②ローリングヒル
45	舞台俳優	1st／②ローリングヒル
46	俳優『ウルトラマントリガー』	1st／⑤ドラゴングライダー
47	肉体派俳優	1st／④フィッシュボーン
48	YouTuberタレント	1st／④フィッシュボーン
49	山田軍団【黒虎】	1st／⑤ドラゴングライダー
50	山田軍団【黒虎】	3rd／③スイングエッジ
51	アッコ軍団【赤虎】サッカー元日本代表	1st／②ローリングヒル
52	アッコ軍団【赤虎】クライミング日本代表	1st／⑤ドラゴングライダー
53	アッコ軍団【赤虎】「WATWING」	1st／⑤ドラゴングライダー
54	アッコ軍団【赤虎】俳優	1st／④フィッシュボーン
55	アッコ軍団【赤虎】元山田軍団	3rd／③スイングエッジ
56	THE RAMPAGE from EXILE TRIBE	1st／⑤ドラゴングライダー
57	THE RAMPAGE from EXILE TRIBE	1st／⑤ドラゴングライダー
58	THE RAMPAGE from EXILE TRIBE	1st／①クワッドステップス
59	キタガワ電気 店長	3rd／④クリフハンガーディメンション
60	霜降り明星	1st／②ローリングヒル
61	霜降り明星	1st／⑤ドラゴングライダー
62	HBC北海道放送アナウンサー	1st／②ローリングヒル
63	球速107km野球女子	1st／④フィッシュボーン
64	『JJ』モデル	1st／④フィッシュボーン
65	ラランド	1st／②ローリングヒル
66	芸人	1st／④フィッシュボーン
67	EXIT	1st／⑤ドラゴングライダー
68	ティモンディ	1st／④フィッシュボーン
69	ティモンディ	1st／⑤ドラゴングライダー
70	和楽器バンド	1st／⑤ドラゴングライダー
71	トランポリンパフォーマー	3rd／②サイドワインダー
72	TBS新人アナウンサー	1st／②ローリングヒル
73	パルクールアスリート	1st／⑦2連そり立つ壁
74	ダンサー『FULLCAST RAISERZ』	1st／④フィッシュボーン
75	トランポリンパフォーマー	1st／⑤ドラゴングライダー
76	ビルメンテナンス業	1st／⑤ドラゴングライダー
77	厚木市立藤塚中学校 体育教師	3rd／②サイドワインダー
78	ゴールデンボンバー ギター	1st／⑦2連そり立つ壁
79	プロクライマー	1st／④フィッシュボーン
80	空手日本代表	1st／②ローリングヒル
81	体操五輪2大会出場	1st／④フィッシュボーン
82	キッズパーソナルトレーナー	1st／⑦2連そり立つ壁
83	東京五輪フェンシング日本代表	1st／⑤ドラゴングライダー
84	RISEライト級王者	1st／②ローリングヒル
85	体操元日本代表	1st／②ローリングヒル
86	カーデザイナー	1st／⑦2連そり立つ壁
87	A.B.C-Z	1st／⑤ドラゴングライダー
88	Snow Man	2nd／⑦リバースコンベアー
89	配管工	3rd／③スイングエッジ
90	栄光ゼミナール 講師	3rd／②サイドワインダー
91	山形県庁 職員	3rd／⑤バーティカルリミット
92	SASUKE唯一の皆勤賞	1st／④フィッシュボーン
93	スピードクライミング 日本代表	1st／⑤ドラゴングライダー
94	K-1スーパーフェザー級王者	1st／⑦2連そり立つ壁
95	世界陸上メダリスト	1st／②ローリングヒル
96	ミスターSASUKE	1st／①クワッドステップス
97	ゴールデンボンバー ドラム	1st／②ローリングヒル
98	クライミングシューズメーカー 取締役	1st／⑦2連そり立つ壁
99	靴のハルタ 営業	1st／⑦2連そり立つ壁
100	完全制覇のサスケくん	1st／⑦2連そり立つ壁

第40回大会 SASUKE2022

DATA

放送：2022年12月27日（火）18:00〜22:57

STAGE	クリア	エリア
1st STAGE	クリア 24	①クワッドステップス ②ローリングヒル ③シルクスライダー ④フィッシュボーン ⑤ドラゴングライダー ⑥タックル ⑦2連そり立つ壁
2nd STAGE	クリア 12	①ローリングログ ②サーモンラダー上り ③サーモンラダー下り ④スパイダーウォーク ⑤スパイダードロップ ⑥バックストリーム ⑦リバースコンベアー ⑧ウォールリフティング
3rd STAGE	クリア 3	①フライングバー ②サイドワインダー ③スイングエッジ ④クリフディメンション ⑤バーティカルリミット ⑥パイプスライダー
FINAL STAGE	完全制覇 0	①スピードクライミング(8.5m) ②サーモンラダー(7m) ③綱登り(10m)

記念すべき第40回大会。ケイン・コスギや秋山和彦などレジェンドが復帰を果たす中、ゼッケン4000番を背負ったのは「完全制覇のサスケくん」こと森本裕介！ 史上初3度目の完全制覇は1秒をめぐる戦いに…。

	職業／肩書き	結果／リタイアエリア
3901	ビスケットブラザーズ	1st／②ローリングヒル
3902	お笑い芸人	1st／②ローリングヒル
3903	ウエイトリフティング元日本代表	1st／②ローリングヒル
3904	日向坂46	1st／⑤ドラゴングライダー
3905	乃木坂46	1st／②ローリングヒル
3906	壁の妖精	1st／④フィッシュボーン
3907	モノマネ芸人	1st／②ローリングヒル
3908	東京ホテイソン	1st／④フィッシュボーン
3909	さがみ湖リゾート プレジャーフォレスト社長	1st／④フィッシュボーン
3910	アクション俳優	2nd／⑦リバースコンベアー
3911	バンダイ SASUKE部 部長	1st／②ローリングヒル
3912	ラランド	1st／②ローリングヒル
3913	中学2年生	1st／⑦2連そり立つ壁
3914	長野誠の息子	1st／②ローリングヒル
3915	ホスト	1st／②ローリングヒル
3916	『THE 鬼タイジ』出演	1st／③シルクスライダー
3917	いぬ	1st／④フィッシュボーン
3918	モデル	1st／②ローリングヒル
3919	歯科医師	1st／⑤ドラゴングライダー
3920	メンタルドクター	1st／③シルクスライダー
3921	めだか屋	1st／②ローリングヒル
3922	BSN 新潟放送アナウンサー	1st／②ローリングヒル
3923	TBS アナウンサー	1st／⑦2連そり立つ壁
3924	元山田軍団	3rd／③スイングエッジ
3925	CYBERJAPAN DANCERS	1st／④フィッシュボーン
3926	フリーアナウンサー	1st／②ローリングヒル
3927	『CanCam』専属モデル	1st／⑤ドラゴングライダー
3928	ソフトボール元日本代表	1st／④フィッシュボーン
3929	ポールダンサー	1st／②ローリングヒル
3930	高校2年生	1st／⑤ドラゴングライダー
3931	ぶら下がり＆うんてい日本記録保持者	1st／④フィッシュボーン
3932	プロウインドサーファー	1st／③シルクスライダー
3933	山師・空師	1st／④フィッシュボーン
3934	航空自衛隊 戦闘機パイロット	1st／⑤ドラゴングライダー
3935	僧侶	1st／①クワッドステップス
3936	予選会2位通過	1st／⑦2連そり立つ壁
3937	予選会1位通過	1st／②ローリングヒル
3938	芸人	1st／⑤ドラゴングライダー
3939	林野庁 職員	1st／⑤ドラゴングライダー
3940	松田水道 経営	1st／④フィッシュボーン
3941	少年忍者	1st／⑤ドラゴングライダー
3942	7 MEN 侍	1st／⑤ドラゴングライダー
3943	トランポリンパフォーマー	2nd／⑤スパイダードロップ
3944	ビルメンテナンス業	1st／⑦2連そり立つ壁
3945	整体師	1st／④フィッシュボーン
3946	モンスターBOX 世界記録保持者	1st／③シルクスライダー
3947	『炎の体育会TV』	1st／①クワッドステップス
3948	『炎の体育会TV』/YouTuber	1st／④フィッシュボーン
3949	山田軍団【黒虎】	2nd／④スパイダーウォーク
3950	山田軍団【黒虎】	FINAL／②サーモンラダー
3951	モデル	1st／②ローリングヒル
3952	プロレスラー	1st／③シルクスライダー
3953	YouTuber	1st／④フィッシュボーン
3954	YouTuber/マナル隊	1st／⑤ドラゴングライダー
3955	キタガワ電気 店長	2nd／⑥バックストリーム
3956	錦鯉	1st／②ローリングヒル
3957	おさる	1st／③シルクスライダー
3958	YouTuber	1st／⑤ドラゴングライダー
3959	ゴールデンボンバー ボーカル	1st／②ローリングヒル
3960	フェンシング東京五輪代表	1st／⑤ドラゴングライダー
3961	マヂカルラブリー	1st／②ローリングヒル
3962	EXIT	1st／⑤ドラゴングライダー
3963	霜降り明星	1st／④フィッシュボーン
3964	霜降り明星	1st／②ローリングヒル
3965	筋肉俳優	3rd／④クリフディメンション
3966	東京大学1年生	1st／③シルクスライダー
3967	スポーツマネジメント会社	1st／⑤ドラゴングライダー
3968	劇団EXILE	1st／④フィッシュボーン
3969	劇団EXILE	1st／②ローリングヒル
3970	Dリーグ「KADOKAWA DREAMS」	1st／②ローリングヒル
3971	A.B.C-Z	2nd／⑥バックストリーム
3972	パルクール協会 会長	3rd／④クリフディメンション
3973	山形県庁 職員	FINAL／②サーモンラダー
3974	カーデザイナー	3rd／④クリフディメンション
3975	栄光ゼミナール 講師	3rd／⑥パイプスライダー
3976	サムライ・ロック・オーケストラ	3rd／②サイドワインダー
3977	サスケ先生	3rd／②サイドワインダー
3978	ウエイトリフティング東京五輪代表	1st／⑤ドラゴングライダー
3979	トランポリン五輪2大会出場	1st／④フィッシュボーン
3980	ゴールデンボンバー ギター	1st／④フィッシュボーン
3981	プロフィギュアスケーター	1st／④フィッシュボーン
3982	キッズパーソナルトレーナー	2nd／⑤スパイダードロップ
3983	総合格闘家	1st／④フィッシュボーン
3984	オーストリア代表	2nd／⑧ウォールリフティング
3985	アメリカ代表	2nd／⑧ウォールリフティング
3986	元プロ野球選手	1st／⑤ドラゴングライダー
3987	ラグビー東京五輪代表	2nd／①ローリングログ
3988	Snow Man	1st／⑤ドラゴングライダー
3989	プロ陸上選手	1st／⑤ドラゴングライダー
3990	ドイツ代表	2nd／⑧ウォールリフティング
3991	俳優	2nd／⑥バックストリーム
3992	モーグル北京五輪銅メダル	1st／⑤ドラゴングライダー
3993	無職	3rd／③スイングエッジ
3994	配管工	1st／②ローリングヒル
3995	SASUKE唯一の皆勤賞	2nd／⑦リバースコンベアー
3996	ミスターSASUKE	1st／④フィッシュボーン
3997	初の完全制覇者	1st／⑤ドラゴングライダー
3998	史上最強の漁師	1st／⑦2連そり立つ壁
3999	靴のハルタ 営業	3rd／⑤バーティカルリミット
4000	完全制覇のサスケくん	FINAL／③綱登り(10m)

WEBアンケート結果発表!!

2023年11月10日〜17日、特設サイトで行われた
WEBアンケートの結果を発表!!
あなたの意見も載っているかも!?

2023年11月10日(金)お昼12時〜17日(金)夕方6時まで実施。参加は20代がもっとも多く、平均年齢は26歳。男女比は「男性=78%」「女性=21%」。

QUESTION 1　あなたの一番好きなエリアと、その理由を教えてください。

第1位 パイプスライダー

歴史がある難関エリアであり、見た目はシンプルであるのが好きです。シンプルではあるが難しいために数多くのリタイア者を生み、『SASUKE』対策がバッチリされているいまでもリタイア者を生むことがあり、最終エリアとしての貫禄を感じます。また、数多くのドラマを生んだエリアでもあるから（えぬしま・男性・20歳）／SASUKEオールスターズ、完全制覇者を全員落とした実績があって、どんなに安定感がある選手でも容赦なく振り落とすところ（こ・男性・15歳）／本当に強い者しか辿り着けないエリアであり、それをクリアできるかどうかも紙一重で、大変ロマンがあると思います（もんこ・女性・26歳）／ゴールは目の前なのに飛距離が届かずに落ちてしまったり、バーが滑ってもギリギリ届いてゴールしたりと、非常にドキドキするから（かりんとー・男性・17歳）／クリフやバーチなど、多くの難しいエリアを超えてきた選手たちを容赦なく振るい落とす、まさに「最後の審判」。クリアしても落ちても感情を揺さぶられる（とかげ・女性・16歳）／運命を決める3rdステージの最終エリアだから（ななうみん・男性・16歳）／FINALか、脱落か。ステージへのジャンプを含めて難易度も高く3rdステージの最終関門に相応しいエリアだと思うから（どしんこつとん・男性・27歳）

第2位 そり立つ壁

そり立つ壁は『SASUKE』を象徴とする存在で、毎回ステージがちょこちょこ変わるけど少なくともそり立つ壁だけは替えのきかない存在だと思いますし、『SASUKE』のイベントでも用意されているくらい番組にとって一番大切にしているエリアなんじゃないかなと思うからです（小林広島・男性・23歳）／『SASUKE』の代名詞的存在であり、1stステージの最後の砦となるこのエリアは、有力選手であったとしてもリタイアする可能性もあり、その名の通り、2ndステージ進出を阻む壁となっており、見ていて楽しいから（Zくん・男性・20歳）

第3位 ドラゴングライダー

どんなに練習をしてもバランスや勢いですぐ失敗してしまう、難しくて見応えのあるエリアだと思う（小学生の頃からSASUKEが好きです・男性・19歳）／ビジュアル、難易度、落ち方、体の動かし方、すべてにおいて最高だから（トーマ・男性・21歳）／簡単そうで実は魔物が住んでるエリアだと思うから（まい。・女性・42歳）／スピード感が見ていても爽快だから（ひかる・男性・24歳）／空を飛ぶような動きがすごくカッコいいです!!（リエ・女性・45歳）／どの競技もですが一発勝負にドキドキ（みっちっち・女性・54歳）

第4位 クリフディメンション

実力のある方々が苦しみながらも練習を積みクリアしていく姿を見れるのが楽しいから（みかんぽーや・女性・32歳）／クリアする選手たちがカッコいいから(畠山持国・男性・19歳）／初期でも難しそうだったのに挑戦者がクリアし、それを受けて難化されクリアし……を繰り返し、挑戦者の歴史を感じるエリアだから(パルクール麺類・男性・29歳)

第5位 バーティカルリミット

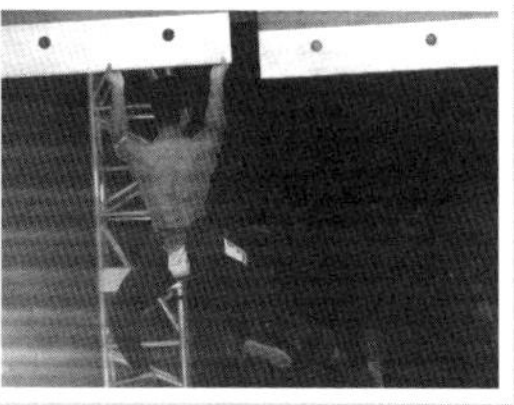

ミスが起こることが少なく、リタイアする選手も全力を使い切った状態になっているので清々しい（めめ・男性・19歳）／最難関であるクリフを超えた後にこれがあるのが好きだし、選手たちの根性を見れるから（ワン太郎・男性・18歳）／クリフを突破してカタルシス起こしてる挑戦者は、ここを突破できない。すごくいいエリア(医愚恥・男性・44歳)

第6位 メタルスピン

数々の有力者を落としてきたエリアで、一瞬で明暗が分かれるから（みのる・男性・21歳）／実力者が唐突に落ちて波乱を引き起こすエリアだから。無機質な見た目も好き（げんげ・男性・22歳）／夜に妖しく光るクラゲみたいで好き（ハマチャン・男性・27歳）／クリアできるかハラハラするし実力者も落ちたりしているから(うどん・男性・14歳)

第7位 綱登り

『SASUKE』の未来を決める、その運命を託されたエリアだから（かげ・男性・20歳）／ロープ1本とシンプルだが『SASUKE』の要素のすべてが詰まっており、奥が深い。挑戦者は最後の力を振り絞り無我夢中で登る。そして観客は無我夢中で応援する。全員が一体となり盛り上がりは最高潮に達する（ジョンペイ・男性・30歳）

第8位 サーモンラダー

まさに2ndステージの足切りとしてかなりふさわしいエリアだと思うから（とりにく・男性・17歳）／上りも普段見ない動きですが、下りは特にそのまま落ちてしまいそうなのに落ちずに成功していく姿がいつも見ていてワクワクします。あと、夜の照明や最近のサーモンラダーだと木の音がリズム良く聞こえるのも好きな点です！（あすみ・女性・20歳）

第9位 ジャンプハング

トランポリンの脅威を一番最初に教えてくれたエリアであり、ネットに飛びついた瞬間に上から行くか下から行くかの駆け引きが行われるところがカッコいい（まめこ・女性・21歳）／時間を消費するが安全に進める上からか、着水する危険があるが速く進める下から進むのか選手に選択の余地があるのが戦略性を生むため（三森結人・男性・22歳）

第10位 スパイダーフリップ

ジャンピングバー、ハングクライミングの後で腕が限界になって落ちてしまう方や楽そうに登ってしまう方、飛び移り方も個性があって面白い（又地さん大好きフィーバー・女性・17歳）／二の腕が限界を迎えるところで挑む最後の難関エリアだから（クルール・男性・22歳）／天国と地獄を分けるエリアでドキドキハラハラするため（ムササビ君・男性・13歳）

そのほか

フィッシュボーン
チェーンリアクション
フライングシュート
……など

フィッシュボーン
バランス感覚とタイミングが大事だから（宮谷涼・男性・29歳）

チェーンリアクション
見た目とネーミングがカッコいいです（ちか・男性・29歳）

フライングシュート
すべてが他のエリアと一線を画している（はりマ・女性・31歳）

QUESTION 2

大会と違って、誰でもオーディションさえ通れば出られるというところ（wa・40歳）／何よりカッコいい。選手間のやり取りが素晴らしい（めめ・男性・19歳）／泥臭い男の戦いの中にある絆や葛藤（緑ネキ・女性・36歳）／多種多様な挑戦者が、それぞれの想いを持って巨大なアスレチックに立ち向かっていく姿（しゃわ・男性・21歳）／敵はライバルではなく、『SASUKE』であること（ワン太郎・男性・18歳）／多種多様な人間ドラマが生まれるところ（トーマ・男性・21歳）／大人たちが夢中になって真剣に取り組む、ひとつの青春であること（みかんぽーや・女性・32歳）／自分自身との闘い（まい・女性・42歳）／一般人が一夜限りのヒーローになれる番組（みのる・男性・21歳）／人と人との繋がり（アルティメットウルトラクレイジークリフディメンション改・男性・16歳）／名もなき男たちが主役になれることです。当時小学生だった私は第6回大会を見て、学校の男子たちのヒーロー同然だったケイン・コスギよりも、無職の山田勝己が活躍していることに大変な衝撃を受けました（ロビン・男性・32歳）／いろんな職種があり、笑いあり、感動もあるところです（Takumi・男性・26歳）／一般の方がここまで本気になれる第二の青春！（みこ・女性・21歳）／限界を超えた戦いに心が踊ります（アグリのハバネロ・男性・35歳）／笑いもあり涙もあり誰でも目指す資格があること（かるた高校生・男性・18歳）／バラエティ番組であり、スポーツ番組でもある（tani・男性・20歳）／ごく普通の一般人でも輝ける場であるというところ（Zくん・男性・20歳）／進化を遂げていく鋼鉄の魔城に名もなき一般人がガチになって食らいついて行くところ（ポクリス・男性・19歳）／挑戦者の憧れや目標がそのままとてつもない努力へと繋がっていくのを見ることができるから（とりにく・男性・17歳）／戦って1位を決めるのではなくて仲間と相談し合ったり応援し合ったりする姿が印象的な点や、全員が完全制覇ばかり狙っているわけではなく、個人的な目標を掲げられる自由さも魅力だと思います（あすみ・女性・20歳）／日常生活では普通見れないダイナミックな動き（畠山持国・男性・19歳）／自分の生きがい・やりがいを示す熱き戦場（けいせい・男性・23歳）／人間の肉体の限界と可能性を見せてくれるところ。単純な勝敗はないのに、人間ドラマが生まれるところ（もんこ・女性・26歳）／8年ぐらい前までは片付けごとしながらのテレビを流し見程度でしたが塚田僚一くんが出場するようになって片付けは早々に終わらせ、正座待機し、手を合わせ毎回祈るように見届けるようになりました（きまこ・女性・51歳）／一般の人たちの競技を応援して感動できる唯一の番組だから！（牡蠣くん・男性・20歳）／何者でもない一般人が一躍して英雄になること。腕っぷしひとつあれば誰でも英雄になれること。人々は「次は私が」と思う。そこに「ロマン」があり、故に『SASUKE』は人々の人気を得ているのだと思います（三森結人・男性・22歳）／どの年代の人が見ても楽しく盛り上がれるところ。一度ハマったら抜け出せない（げんげ・男性・22歳）／年末に集まった家族親族たちとみんなで楽しめる番組（K・女性・54歳）／バラエティ番組とは思えない、スポーツの試合を見るような感覚になること（しゅんちゃん・男性・26歳）／SASUKE愛。選手たちの絆（ひとみ・女性・46歳）／誰でも主役になれる（新世代大好き太郎・男性・21歳）／挑戦者たちの筋書きのないドラマ。そしてそれを彩る番組制作者たちの演出。このマリアージュ（糸の白瀧・男

あなたの考える『SASUKE』の魅力とは何ですか？

性・27歳）／必死に努力しても笑われない、むしろそれが当たり前の空気感（のぎへっぺん・男性・23歳）／自分の限界への挑戦（ととのう・男性・47歳）／己との戦い。仲間との絆（みかこ・女性・40歳）／人生を狂わすほどの非日常空間（ジョンペイ・男性・30歳）／100人が完全制覇に向かって本気で挑む姿（ハマチャン・男性・27歳）／全世界で共通の話題で話し合える（うどん・男性・14歳）／人生のすべてをかけて完全制覇に挑む挑戦者たちの勇姿、そして完全制覇を阻む鋼鉄の魔城の脅威、だけど決して屈することなくクリアしていく挑戦者たちのカッコよさは凄まじいです（かりんとー・男性・17歳）／スポーツバラエティではなくスポーツドキュメンタリーであるところ（ななうみん・男性・16歳）／競技性と人間ドラマとバラエティの融合（どしんこつとん・男性・27歳）／「ミスターSASUKE」山田勝己の存在（漆虎・男性・23歳）／基本的には単純明快なルールで、みんながハラハラドキドキ楽しめるところ。実際にやってみたくなるところ（えだまめ）／個人の能力次第で結果が決まるのに、全員が完全制覇や難関エリアの攻略を喜べるところ（あおぬ・男性・19歳）／順位を決める競技ではないということ。年齢、職種、出身関係なく応援し合ってみんなで一喜一憂する姿が素敵だと思う（とかげ・女性・16歳）／クリアする人がいるとまた難しくなって登場するのに、またそれをクリアする人が出てくる。人間の能力のすごさ（みっちっち・女性・54歳）／完全制覇をしたいという欲望のためだけに人生をかけてしまうような中毒性（Halitia・男性・18歳）／全員が本気であること。サスケくんの言葉じゃないけど、青春を感じられる高校野球のように全力を尽くす選手、またそれを支えるスタッフの方々も全員が本気で仕事をして作り上げてるのだろうなという姿勢が感じられるところです（蒲原一男・男性・39歳）／一般人が一夜だけ全国にその名を轟かせるチャンスがある（バイエルン東・男性・40歳）／挑戦者の人生を覗けること（微分積分・男性・20歳）／選手が「エリア」という壁を乗り越えていくカッコいい姿を見れるところ（ごま。・男性・18歳）／一般人の大人が難しいエリアに一生懸命取り組んでいるところ。年齢も出身も職業も違う人たちが集まって交流してるエモさ（又地さん大好きフィーバー・女性・17歳）／絶対にクリアできないだろうと思われるステージを競技者の方がクリアしていく様子を見れるのが楽しいです（上村佳充・男性・34歳）／大人が子どものように真剣に何かにのめり込むこと（りー・男性・19歳）／大人が作った本気のアスレチックというワクワク感とそれを攻略していくゲーム的展開、一発勝負の緊張感（はぎにわ・男性・29歳）／選手と選手、さらにはファン同士の熱き友情（かねことしゃ・男性・40歳）／一般人、アイドル、お笑い芸人、外国人等々まったく住んでる世界が違う人たちが、職業や国籍による垣根を越えて仲間として一喜一憂する姿が魅力だと思う（クルール・男性・22歳）／人と競うのではなくエリアに挑むことでできる仲間たちとの絆（龍光寺真二・男性・51歳）／名もなきアスリートたちの人間ドラマ（八雲辰毘古・男性・28歳）／生きた証を残せる場所であり、一般の人でも輝ける数少ない舞台（SS・男性・22歳）／人生のすべてを捧げられる存在（はりマ・女性・31歳）／ただの一般人がヒーローになれるところです。普段普通の仕事をしてる人たちが『SASUKE』のときは芸能人やスポーツ選手を差し置いて無双するのがカッコ良すぎます（K太・男性・20歳）

QUESTION 3 あなたの好きな『SASUKE』の名セリフと、その理由を教えてください。

第1位 「ここには本当は、俺的には何もないんですよ」(長野 誠／第17回大会)

第17回大会で完全制覇後に長野さんが言った言葉で、まだ第17回大会のときは幼稚園で小学生になって『SASUKE』を好きになって過去回を見ているときに言葉には表せないけど、小学生の私にもグッとくるものがあって感動して大泣きしたことがあるからです。この言葉は完全制覇をした人にしか言えない言葉なんじゃないかなって思ってます（小学生の頃からSASUKEが好きです・男性・19歳）／『SASUKE』仲間のことがほんとに好きなんだなという気持ちが強く伝わってきたから。クリアしていく姿はもちろんですが、仲間の絆を見れるのも『SASUKE』の醍醐味だと思います（みかんぼーや・女性・32歳）／完全制覇というゴールを達成することよりも、オールスターズなどの仲間とその目標に向かうプロセスが楽しいという、本当の意味での『SASUKE』が見えるシーンだからです（みのる・男性・21歳）／完全制覇っていう『SASUKE』において最大の実績を残したことが宝物というのではなくて長野さんはそれまでの道のり、苦労が宝物だったっていうところを涙を流しながら言うところがすごく格好良くて仲間思いで好きです（こ・男性・15歳）

第2位 「俺にはSASUKEしかないんですよ」(山田勝己／第10回大会)

『SASUKE』を見たことがない人でも知っている有名なセリフだから（かるた高校生・男性・18歳）／あと少しのところでリタイアした悔しさにも関わらず『SASUKE』をやり続けたいという山田さんの本気度が伝わるから（とりにく・男性・17歳）／生まれて2年のときの放送なんですけど、この言葉はYouTubeで拝見して、この言葉いいなと思ってそこから『SASUKE』を毎年見ています！（HIROKI Z・男性・22歳）

第3位 「SASUKEではアメリカとか日本とか国籍などまったく関係ないと思う。なぜならSASUKEは人間の限界を追求する競技だから」(リーヴァイ・ミューエンバーグ／第20回大会)

『SASUKE』ひいてはスポーツの核心をついた名言だと思う。数々のスポーツを経験し、フリーランニングを極めた彼だからこその名言で大好きです（まめこ・女性・21）／『SASUKE』のグローバル化に大きく貢献したと思うから。世界中の『SASUKE』チャレンジャーに勇気を与えた発言だと思うから（しゅ・男性・17歳）／人間が難関に立ち向かう姿勢であることを証明したから（けいせい・男性・23歳）

第4位 「本当にいい仲間に恵まれて、僕は幸せです」(漆原裕治／第34回大会)

初めて『SASUKE』を見た際にこの言葉が刺さったからです（ざっつー・男性・16歳）／1stステージをクリアしないと引退という中でしっかりクリアした漆原さんもすごいし、そのクリアには多くの仲間たちからの応援や支えがあってこそのクリアだったと思うのでこの言葉にはグッときました！（ワン太郎・男性・18歳）／『SASUKE』は個人競技ですが、仲間で臨む美しさがあります（もりこ・女性・38歳）

第5位 「やりゃあできる！ 頑張ろう！」(樽美酒研二／第36回大会)

2ndステージをクリアするまで6年もかかった研二さんの努力が実を結んだ場面での一言だったから（トーマ・男性・21歳）／努力の結果がしっかり出て感動したことと、研二さんの努力を惜しまない姿とこの言葉が、私の頑張る気力の素になっています！（リエ・女性・45歳）／2ndステージを諦めないでクリアした姿に胸を打たれたから。挑戦し続ける限り必ず成功はあることを感じたから（ポッポバード・男性・19歳）

SPECIAL FEATURE　こんな名セリフもありました!!　ファンの選ぶ『SASUKE』名セリフ大百科

ミスターSASUKE
山田勝己

（第40回大会で1stステージをリタイア、涙ながらに「SASUKEしかねぇんだよ」と語る松田大介に）

「俺の言葉や」

ツッコミが早すぎて吹いてしまった（しゃわ・男性・21歳）

（第12回大会の2ndステージ、スパイダーウォークで手袋を外し忘れて失格になったことを受けて）

「手袋は取らないとダメだと聞いてましたが、失格って聞いてなかったんです」

本気で挑戦していると心から思ったから（アグリのハバネロ・男性・35歳）

「長野誠が、俺の分までやってくれると思います」

山田さんと長野さんの絆が最も感じられた場面だから（Halitia・男性・18歳）

「負けたくないっていう、ただそれだけです」

『SASUKE』攻略に向ける執念が簡潔ながらも深く伝わったため（畠山持国・男性・19歳）

完全制覇のサスケくん
森本裕介

「僕にとってSASUKEは青春そのもの」

子どもの頃から『SASUKE』に憧れてきた人がやっとの思いでFINAL進出を決めて、完全制覇の後ではなくFINAL挑戦の前に出たもので、サスケくんを知らなくても応援したくなるような言葉だったから（漆虎・男性・23歳）／飾らないサスケくんの言葉でありつつ、全選手にとっても真実だろうなとわかるから（蒲原一男・男性・39歳）

「絶対みんなを横浜に連れて行きます」

番組初の生放送FINALに向けて99人挑戦して誰もクリア者がおらず、このまま行くと0人になってしまうという状況で、緊張している中でも覚悟と自信を感じたから（微分積分・男性・20歳）／仲間が全員消えて最後のひとりとなり生放送FINALが危うくなる中、あれだけ堂々としていて有言実行したのが二度の完全制覇よりも記憶に残っているから（りー・男性・19歳）

史上初の完全制覇者
秋山和彦

「ずっと一番になりたかった」

弱視でオリンピックや船長などの夢を阻まれてきた秋山さんだからこその重みがあるから（M.S・女性・16歳）

「世界で活躍する人たちがトップアスリートだったら、僕たちみたいなのは雑草アスリートですかね」

『SASUKE』のコンセプトである「名もなきアスリートたちのオリンピック」を象徴する言葉であると考えたため。このコンセプトの発端でもある秋山さんが語った名言であることも選んだ理由のひとつ（ローカルマニアック・男性・30歳）

SASUKE唯一の皆勤賞
山本進悟

「僕がほしいのは実力者であって、唯一の皆勤賞」

ただひとりの皆勤賞という偉大な記録を続け、FINAL進出経験もある中で、まだその結果に満足していない向上心。第40回大会でも「皆勤賞だからと言ってスタートに当たり前にいるのも嫌だ」という話があったりと、常に目標を持ち続けて、一途に努力を続ける『SASUKE』の鉄人・山本進悟さんの芯の強さを感じます（蒼真・男性・20歳）

配管工
又地 諒

「SASUKEの挑戦をしているときが何よりも楽しい。これを取り上げたら僕には何もない」

子どもの頃から『SASUKE』が大好きで大人になった後もその気持ちを継続して持ち続けている又地さんの心からの言葉のように感じたから（牡蠣くん・男性・20歳）／又地さんが好きなのと、この大会がきっかけで本格的に『SASUKE』にハマったから（えだまめ）

「出発進行！ 発車オーライ！」（日置将士）
僕が『SASUKE』を目指す最大の理由になったのは日置さん一家でした。今年の予選会では腕立て伏せで落ちたけど、近いうちに日置さんと同じ舞台で戦えるSASUKE選手になれるよう願いを込めて（小林広島・男性・23歳）

「雰囲気作りが大事なんかじゃなくて、雰囲気作りがすべて」（川口朋広）
『SASUKE』のメンタル的な難しさを表した一言だから（駒三・男性・21歳）

「僕、初出場、中学2年生だったんですけど、このボタン押すまで12年もかかっちゃいました」（多田竜也）
中学2年生にして当時の1stステージ最終エリアのロープクライムまで到達するも、タイムアップでクリアはできず。そこからは出場権もなかなか得られずシミュレーターなどをやる中、ようやく出場権を得るもリタイアが続き、ドラゴングライダーでビショ濡れになりプロポーズ。結婚して満を持して出場した大会でようやくクリアした直後に出たこの言葉は12年間が多田さんにとって濃くて重いものなんだということが感じ取れるものだったからです（えぬしま・男性・20歳）

「もう一度やりたいくらい楽しかったよ」（レネ・キャスリー）
人間の限界に挑む3rdステージを超えてFINALに進出、満身創痍であろうと思われたタイミングでこの言葉が出たのがあまりにも衝撃的だった。ドイツから現れた超新星は底知れない怪物だと判明した瞬間（クルール・男性・22歳）

「ありがとう」（岩本 照）
自分が成功したことよりも、支えてくれた人に一番最初に感謝の言葉を述べる気持ちに感動した。『SASUKE』はチームスポーツだと感じられた（みほ・女性・31歳）

「年齢は数字だけ。自分が『いける』と思ったら行ける。目標を作れば何歳でも達成できる」（ケイン・コスギ）
私は40代後半で『SASUKE』出場を目標にしてトレーニングしています。40回大会でのケイン・コスギさんのこの言葉と有言実行の1stステージクリアは心が揺さぶられました！（龍光寺真二・男性・51歳）

実況 LIVE COMMENTARY　選手だけじゃない!! 熱すぎ名実況集

「ケインの悔し涙かこの雨は！」（古舘伊知郎）
競技結果、本人の心情の推察、当時の天気を綺麗にまとめられていて、情景がとても記憶に残りやすい秀逸な実況でした。国語の教科書に載せるべき（パルクール麺類・男性・29歳）

「仕事は失業中、筋肉は24時間営業！」（古舘伊知郎）
山田さんが仕事を辞めて完全制覇に向けて『SASUKE』のために人生をかけてるのが一言でわかる名言だと思います（上村佳充・男性・34歳）

「2年前、横浜で逃した完全制覇という忘れ物を取りに行く45秒！」（杉山真也）
鳥肌が立ちました（しゅんちゃん・男性・26歳）

「山本、虎に、翼ぁぁぁ!!!!」（杉山真也）
盛り上げ方が素晴らしかったです!! 山田さんのためにクリフを越えていく山本さんの姿を的確に表現した実況でした！（レイセンモカ・男性・22歳）／黒虎というストイックで努力家のメンバーが成就したことを象徴する言葉だから（マックス・男性・44歳）

GOAL

COMING UP
SASUKE 2023
★1999
Kazuhiko Akiyama
★2006
Makoto Nagano
★2010
★2011
Yuji Urushihara
★2015
★2020
Yusuke Morimoto
SASUKE
-第41回大会-
TBS
JPN
87

★2011
★2020
SASUKE 1997
TBS
JPN
Kazuhiko
Makoto Naga
Yuji Urushihara
TBS
JPN
98
99
100
SASUKE NINJA WARRIOR 2023
SASUKE NINJA WARRIOR 2023
SASUKE NINJA WARRIOR 2023
完
全
制
覇
34
33
35
NEW ERA
SASUKE NINJA WARRIOR 2023
NINJA WARRIOR
★2006
TBS

51
82
SASUKE NINJA WARRIOR 2023
COMING UP
SASUKE 2023
ALTIOR

SASUKE
98

SASUKE
NINJA WARRIOR
GOAL

SASUKE 2023 制作STAFF

チーフプロデューサー	七澤　徹
総合演出	乾　雅人
演出	清水宏幸
プロデューサー	神田祐子　大久保徳宏　横井雄一郎　宮崎陽央　林 沙織
協力プロデューサー	竹中優介　鈴木雅彦　永田周平
MP	中野匡人　御法川隼斗　佐藤秀一
中継車D	橋本直樹　松永隼人
AP	佐々木千代　岩崎ゆかり
ディレクター	井内悦史　宇野龍太郎　辻 潤　小野夢子　関根智大 花村亮介　清水麻未　小濵知彦　髙山和大　斉藤哲夫 塚田一道　栗原直樹　杉浦裕樹　篠田延樹　丹野 直 酒井隆茂　嘉数真二郎　片岡靖就　横江倫寿　東 頌記 松村麟太郎　千葉有紗　佐藤孝彰　和田もも子
構成	谷田彰吾　本松エリ
TK	常藤直子
AD	大谷采未　加納夏帆　森 鞠杏　古内遼太郎　青木洋平 奥井凛成　蜂谷くるみ　仲本啓太郎　小澤久流
編成	竹内敦史　佐藤礼子　広瀬泰斗
ライセンス事業部	関野修平　讃岐誉子
プロモーションセンター	小山陽介　古永めぐみ　菊地美帆　山岡将成　平井美玖 宮永日菜
スチール	井上修二　蘭彩衣子　黒木優里奈　能丸健太郎
グローバルビジネス部	川畑恵美子　濱田真一　平井宏江
公開放送	松元裕二　中垣雄稀
DX	青山優子　鈴木邑菜　塚原 舞
TM	重地渉
PM	光内朗人
TD/SW	明石諒
カメラ	井上真希　渡辺明
VTR	今村奈緒子
音声	岡邊竜海
美術	小美野淳一　古川雅之
照明	中田学
製作著作	TBS

SASUKE公式BOOK

2023年12月19日　第一刷発行

発行人　森山裕之
発行所　株式会社太田出版
〒160-8571 東京都新宿区愛住町22
第３山田ビル４Ｆ
03-3359-6262
00120-6-162166
http://www.ohtabooks.com/

印刷・製本　株式会社シナノ

ISBN978-4-7783-1901-4 C0095

編集　林 和弘
取材・文　志田英邦
写真　松崎浩之　辺見真也
デザイン　山田益弘

BOOK STAFF
制作協力　『SASUKE』制作チーム
七澤 徹　林 沙織　宮崎陽央
（『SASUKE』制作プロデューサー）
小野夢子
（『SASUKE』ディレクター）

出版コーディネート　塚田 恵　古在理香
（TBSグロウディア ライセンス事業部）

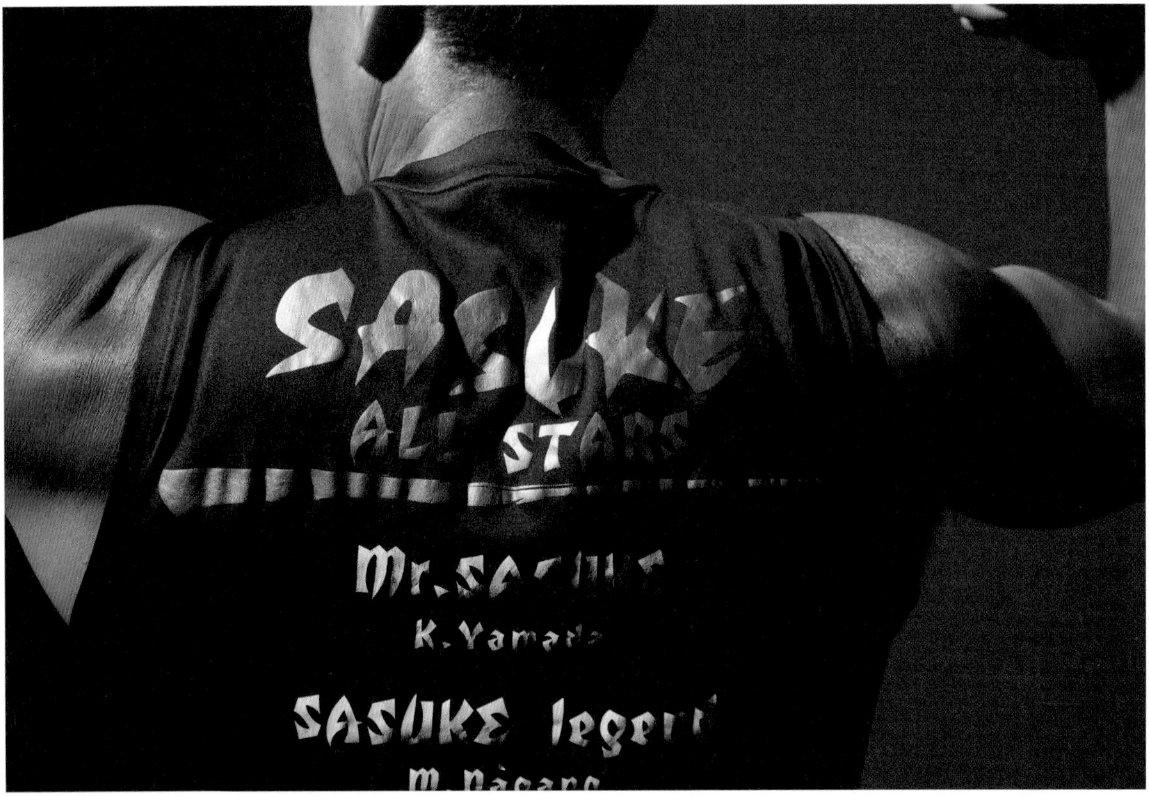